反逃避心理学

徐小雨————著

苏州新闻出版集团
古吴轩出版社

图书在版编目（CIP）数据

反逃避心理学 / 徐小雨著. -- 苏州：古吴轩出版社, 2024.7（2025.5重印）. -- ISBN 978-7-5546-2408-1

Ⅰ. B821-49

中国国家版本馆CIP数据核字第2024AH8425号

责任编辑：顾　熙
见习编辑：张　君
策　　划：仇　双
装帧设计：尧丽设计

书　　名	反逃避心理学
著　　者	徐小雨
出版发行	苏州新闻出版集团
	古吴轩出版社
	地址：苏州市八达街118号苏州新闻大厦30F
	电话：0512-65233679　　邮编：215123
出 版 人	王乐飞
印　　刷	天宇万达印刷有限公司
开　　本	670mm×950mm　　1/16
印　　张	11
字　　数	127千字
版　　次	2024年7月第1版
印　　次	2025年5月第3次印刷
书　　号	ISBN 978-7-5546-2408-1
定　　价	49.80元

如有印装质量问题，请与印刷厂联系。0318-5695320

前言
PREFACE

在生活中,每个人都遇到过不想面对、想要逃避的事情。比如:不敢在公共场合讲话,不敢面对冲突,习惯性讨好别人,习惯性拖延,工作压力大就想辞职,因对未来感到焦虑而丧失行动力,害怕面对领导,不敢做团队中的领袖,等等。这种一次次的逃避会导致人内心的沮丧、自责、自卑以及对自己"无能"的愤怒。

心理学研究指出:习惯性逃避是一种由过去的经验主导而形成的心理防御机制,没有觉知和勇气的人很难打破这种固有模式。并且,他们还会对自己逃避的行为进行强烈的批判和谴责,认为自己不够好、不够自律,不配拥有美好的人生,从而让自己不断地下坠。习惯于逃避的人,他们拒绝看到真相,错过修正自己的机会。

逃避源于人对问题的畏难、恐惧等情绪。而想要把消极应对变成积极应对,把"我不行"变成"我能行",最有效的办法就是建立反逃避机制，调整我们面对问题的认知和心态。心境变了，我们处理问题的方式就会有所改变，结果自然也会随之改变。

"反逃避"是在逃避的基础上衍生出的一个新概念，它不仅代表着面对和承受，还强调我们在面对问题时能从中获益。当我们有勇气承受问题所带来的压力、混乱、不确定性时，我们反而会变得更加强大和自信。而且，反逃避也是一种能够摆脱鸵鸟心态的强大精神力。

一个人只有建立起反逃避机制，才能勇敢、坚定地面对生活。不管外界有多少困难、压力，都能正确应对。

本书从心理学的视角，简明扼要地指出人们为什么会习惯性逃避，并给出了克服逃避的方法，如：改掉拖延的习惯，改掉讨好型人格，化解焦虑和恐惧，克服自卑，提升个人能力，学习心灵疗愈的方法，等等。

本书通过案例和心理学研究，深入探讨各种逃避心理的成因和解决方法，帮助读者走出认知误区，察觉自己的行为背后的心理陷阱，建立积极面对生活的反逃避机制；通过有意识地察觉和刻意练习，帮助大家摆脱鸵鸟心态，提高做事效率和创造幸福的能力，让大家都能过上自己想要的生活。

希望通过阅读本书，每个人都能拥有直面问题的能力；不管过去的经历怎么糟糕，现在的问题如何难以处理，我们都有力量和方法去应对，并创造属于自己的璀璨人生。

第一章 别做被逃避裹挟的逃兵

你不解决逃避,逃避就会解决你 / 002

回避型人格,我该拿你怎么办 / 006

逃避不能解决问题,但是反逃避可以 / 009

如何提升反逃避能力 / 012

心理学课堂——什么是鸵鸟心态 / 017

第二章 打破习惯性拖延的枷锁

爱拖延的人是怎么回事 / 020

你可以拖延一阵子,但不能"摆烂"一辈子 / 023

如何找到立即做事的心理动机 / 026

正确制定目标是打败拖延的开端 / 029

心理学课堂——拖延是积攒焦虑的温床 / 032

第三章　走出习惯性讨好他人的牢笼

为什么你总是在讨好别人 / 036

你明明很优秀，却依然渴望别人的肯定 / 041

忙着讨好他人，却迷失了自我 / 045

不会表达心声，导致不被理解 / 049

拒绝也是一门学问 / 053

心理学课堂——成为自己，尊重"真我" / 057

第四章　直面恐惧，才能消除恐惧

越逃避，越恐惧 / 060

我们是如何被恐惧一点点吞噬的 / 063

行为实验法告诉你，担心的事都不会发生 / 067

转化恐惧情绪，释放潜能 / 070

化解恐惧的小妙招 / 073

心理学课堂——"蛇桥"故事的启示 / 077

第五章　深呼吸，缓解焦虑

为何焦虑总是如影随形 / 080

焦虑背后的心理学原理 / 084

不完美，才完美 / 088

不妨先从小事做起 / 093

摆脱焦虑，找回松弛感 / 096

心理学课堂——接纳与承诺治疗法 / 100

第六章　别被自卑牵着鼻子走

自卑来自对卓越的追求 / 104

外界的声音都是对的吗 / 107

你一直渴望自信，却总是批判自己 / 110

皮格马利翁效应的现代应用 / 112

自信是一种能力，也是一种选择 / 114

心理学课堂——将自卑情绪控制在合理范围内 / 117

第七章　专注于提升能力的人，才是清醒的

专注于情绪的人在"内耗"，专注于能力的人在提升 / 120

专业能力不够硬，怎能拥有更多话语权 / 123

提升认知，才能提升人生格局 / 126

把人生当成游戏，一路闯关升级 / 130

心理学课堂——越有能力，越不会逃避 / 134

第八章　最好的疗愈，是呵护自己的心灵

自由书写，自然输出头脑里的念头 / 138

冥想放空，给大脑放一个假 / 140

坚持锻炼，为身心补充活力 / 144

和心灵对话，找回真正的自己 / 147

有效沟通，向外界寻求帮助 / 150

心理学课堂——呵护自己的心灵 / 153

第九章　逃避有时也是一种应对策略

累到极致时，不妨逃避一下 / 156

情绪是心灵的信使：逃避想告诉我们什么 / 159

后　记

拥抱自己的未来 / 162

第一章

别做被逃避裹挟的逃兵

你不解决逃避，逃避就会解决你

在生活中，你是否有过逃避行为？

比如，在公共场合刻意逃避发言，导致错失许多表达自我的机会，最后被身边的人忽略。

在人际交往中害怕与他人起冲突，不敢拒绝他人，总是一边委屈自己，一边习惯性地讨好他人。

制定目标后会习惯性地拖延，一边焦虑地看着时间流逝，一边拖延到最后一刻才开始行动，甚至直接放弃。

在权威人物面前会紧张到语无伦次，不敢表达自己，最终只能眼睁睁看着自己的功劳被别人抢走。

面对老板的提拔，第一反应是拒绝，白白错失晋升机会。

跟喜欢的人相处时会非常紧张，害怕对方看见自己的缺点，逃避亲密关系。

遇到超出能力范围的事情就想放弃，从而导致自己能力平平。

如果你有过此类的逃避行为，那么你一定存在鸵鸟心态，会习惯性地用逃避思维来面对生活中大大小小的问题。或许逃避会换来一时的舒适，但难题却并没有消失，你的逃避还会带来更多的烦恼和压力，甚至会让你出现自责和懊悔的心理，一方面责备自己不合群、没有能力，一方面后悔自己没努力，不然早就取得不小的成就了。

那么，为什么我们会出现这些逃避行为呢？我们都在逃避些什么？

研究发现，人们习惯性逃避的原因主要有以下几点。

1. 心理防御机制

弗洛伊德提出了一个心理学名词，叫作"心理防御机制"，它是指个体的想法或行为在遇到障碍或者无法实现时，其心理活动具有的自觉或不自觉地摆脱烦恼、减轻不安，以恢复心理平衡与稳定的一种适应性倾向。

而逃避就是心理防御机制中的一种，其核心在于人们根据主观分析或者以自身经验判断，认为接下来要面对的事情十分困难或注定失败，会带来各种负面的情绪。头脑为了逃避这种痛苦，自发地启动防御机制，刻意回避事件，才使得人们"不得不"逃避。

2. 缺乏自信

习惯性逃避的人对自己的评价很低，没有信心解决困难，或者失败了一次后就认为自己没有能力做好，下次遇到类似的事情时会下意识逃避。这样就会错失许多学习和成长的机会，逐渐变成真的能力不足，越发没有自信。

3. 原生家庭的影响

很多父母在小孩犯错或者做得不够好时，会采取批评、挖苦甚至责罚的方式来教育孩子。长期生活在这种环境中的孩子会产生一种错误观念——如果失败事情会变得更加糟糕，因此为了避免受到责罚，他们会直接放弃尝试。这些孩子长大后在面对困难和挑战的时候，第一反应是害怕自己做得不好，会被人批评或者嘲笑，从而选择逃避。

4. 完美主义

习惯性逃避的人对自己有严格的要求，希望自己能够快速且完美地完成任务，获得他人的关注和认可。一旦发现自己短时间内做不到足够完美时，就会产生退缩心理。

生活中，逃避无处不在。与其说我们逃避的是具体事件，不如说我们逃避的是这些事件带给我们的畏难、挫败、恐惧、焦虑、自卑等情绪。

当我们被这些情绪裹挟，一次次地选择逃避，其实也是在一次次地跟理想中的人生拉开距离。

卡夫卡曾说："你唯一能逃避的，只是逃避本身。"

事实证明，逃避并不能解决问题，但是反逃避可以。

"反逃避"是在逃避的基础上衍生出的一个新概念，它不仅代表直面问题，更代表我们可以在直面问题时从中收获经验与成长。当我们主动面对困难、修正逃避的行为模式，我们的内心会变得更加自信和强大。

大量的研究表明：只要我们掌握了科学的方法，就能有效地解决习惯性逃避的问题，建立起反逃避机制，勇敢地面对人生。

[小贴士]

虽然人有趋乐避苦的本能，但是很多时候，人们逃避了痛苦的同时，也逃避了成长，最后画地为牢，将自己困在新的痛苦中。既然如此，不如换个方式，利用反逃避来直面生活中的问题，一步步打破固有模式，增强能力和自信，迎接豁然开朗的人生。

回避型人格，我该拿你怎么办

在现代心理学中，面对挑战或困境，个体习惯性逃避的行为常被归为"逃避型人格"的一种表现。"逃避型人格"也叫"回避型人格"，它是一种严重缺乏自信，对外界评价十分敏感，遇到困难和压力就会下意识逃避的心理行为模式。逃避型人格不仅严重阻碍个体的发展，还会产生许多负面的心理问题，如自卑、自责、忧郁等。

人类是群居动物，有社交和情感归属的需求。回避型人格意味着人们抑制了这类需求，蜷缩在自我设限的孤岛里。他们的人际交往模式通常让人们捉摸不透甚至不喜欢，以致他们经常被人们忽略或嫌弃；他们面对问题时往往采取回避的处理方式，导致问题始终跟着他们，个人发展受限。

有的人可能只是回避生活中的某个方面，比如人际交往；有的人回避生活中的方方面面，比如工作、亲密关系、个人目标、人生的重大事件等。对他们而言，任何让自己感到压力的地方都会习惯性逃避。

但是外界很难区分哪些人是回避型人格，哪些人是安静、内敛的性格。下面我们通过一个案例来更好地理解何为回避型人格。

在工作方面，小雯的原则是能线上联系的就线上联系。遇到必须参加的公司团建类活动，小雯总是硬着头皮、内心煎熬地去参加。

这次团建的项目是烧烤，小雯被分到一个全是陌生同事的团队，她看到大家共同协作，有搭烧烤架子的，有准备食材的，有准备调料的，她很想帮忙做点儿什么，但一想到不管做什么事情都要和他人接触，于是她就尴尬地站在原地，宁愿承受不做事的压力，也不愿意承受与他人接触的压力。这导致同事们都对她有意见，吃饭都不愿意喊她，这让小雯更加沮丧，更加嫌弃自己。

小雯极力地想将自己藏匿在人群中，生怕别人关注到自己，然而正是这样怪异的举动，反而让她成了人群中的异类，被别人议论和嫌弃。

研究表明，回避型人格若不及时纠正，有很大可能性会发展成为心理障碍。案例中的小雯明明很想在团队中做点儿事情，但却被内心的恐惧、担忧裹挟着，成了一个连自己都嫌弃的"多余"的人。

那么，回避型人格都有哪些表现呢？

第一，自我评价过低，且认为他人对自己的评价也很低。他们不喜欢惹人注意，比起外出交际，宁愿将自己"缩在套子里"，他们认为不与他人接触，就不会被他人关注和评判。但越封闭自己，就越得不到关于自己的客观评价。

第二，内心敏感脆弱，逃避现实，很容易被外界的声音影响和伤害。为了避免受伤，他们逃避社交、放弃事业，以此来维持内心虚假的平静，却又常常因此而陷入孤独、沮丧的情绪中不能自拔。

第三，经常感觉自己能力不足，且没有成长的勇气。他们在面对机遇和挑战时会产生畏难、退缩的心理，认为既然自己不能做好这件事情，那不如直接放弃。这样的行为模式，不仅会使他们错失很多机会，还会强化自己"无能"的认知。

由此可以看出，具有回避型人格的人，他们的内心期待与行为往往背道而驰，这样不仅会阻碍他们的发展，还会令他们滋生挫败感、自卑、焦虑、麻木、抑郁等情绪，失去对生活的希望。

不过，回避型人格具有一定的规律性。你如果是回避型人格的人，只要分析经常回避的场景、回避时的心理，就能找准方法，突破自我。

[小贴士]

克里斯托夫·安德烈在《面对的勇气：做无惧无畏的自己》一书中说："回避行为可以暂时缓解焦虑，但它也会让患者逐渐成瘾，不能自拔。"可见，如果我们对逃避上瘾，遇到压力和不适就习惯性逃避，那么我们即使在不想逃避的时候，也会被已形成的惯性模式"绑架"，让自己陷入"不得不"逃避的境地。

逃避不能解决问题,但是反逃避可以

我们在经验不足、内心不够强大的时候,遇到问题非常容易产生逃避心理。一时的逃避会让人轻松,长久的逃避却会带来更大的隐患。因为逃避的问题不会消失,还会连同逃避一起成为工作和生活中难以治愈的"顽疾"。

只有直面问题,建立起反逃避机制,才能让我们变得勇敢积极,从而正确有效地处理生活中的困难和压力,并不断积累成功处理问题的经验,让自己变得强大。

在生活中,面对同样的问题,习惯性逃避的人与想要建立起反逃避机制的人的处理问题的方式是截然相反的。下面我们通过一个案例来看看这两种类型的人是如何面对亟待解决的问题的。

对社交存在恐惧感的人在公共场合讲话时会面红耳赤,紧张到语无伦次,从而闹出一些笑话,这让他们内心的自卑感和羞耻感更甚。面对这种糟糕的状态,A的应对方式是回避社交,在他必须讲话的场合敷衍应对或者落荒而逃。久而久之，人们便不再主动跟他来往，就连领导也不愿意把重要的事情交给他。他感到十分苦恼，但又不知道怎么解决，只能一次次经历糟糕的体验，强化负面的自我暗示，最后变得越来越自卑、越来越孤僻。

而B则运用了反逃避机制，他刻意创造社交机会，一开始他会与楼下的水果店老板聊天，后来又在人多的场合与不同的人进行交流。经过多次的交流练习，他在公共场合讲话越来越镇定，也越来越受人欢迎，在职场还获得了晋升机会。这大大增强了他的自信心，促使他运用反逃避机制处理其他问题。这样，不仅问题被顺利解决，他的能力也得到了很大的提升。同时，他获得了越来越多的成功的体验，也变得更加自信。一段时间后，他的人生迎来了质的改变。

由此可以看出：习惯性逃避的人不仅无法解决问题，还会让问题恶化；而运用了反逃避机制的人不仅顺利地解决了问题，还在此过程中获得了成长，增强了自信。

因此，建立反逃避机制是十分有必要的。它不仅能够让我们解决很多困难，还能够让我们获得能力的提升。具体表现在以下几个方面。

1. 获得解决问题的方法和勇气

人人都有逃避心理，只要学会正确的反逃避方法，就有更多的勇气去面对问题、解决问题。

2. 可以赢得更多的发展机会

每个人心中都有想要实现的目标和理想，但是实现目标的过程并不会一帆风顺。我们如果能解决好实现目标路途中的障碍，就能拥有更多的成长机会和更广阔的发展空间。

3. 拥有更丰富多彩的人生

习惯性逃避的人会轻易被困难打倒，还自我安慰地说自己喜欢"摆烂""躺平"，将自己"缩在套子里"，以致错失许多人生经历。

正如王小波在《沉默的大多数》中所写的："我活在世上，无非想要明白些道理，遇见些有趣的事。倘能如我愿，我的一生就算成功。"

如果学会反逃避的方法，就能追求自己想要的人生。

事实证明，不管是刻意逃避还是因为找不到办法而不得不逃避，问题都不会消失，并且回避本身也会成为新的问题。但是直面问题，并从中获得新的经验和认知时，我们逃避的问题和逃避本身这个问题，就可以迎刃而解。

建立反逃避机制，可以让我们系统地学习解决问题的方法，并将其运用到实际的生活中。

[小贴士]

正如毛姆所说："改变好习惯比改掉坏习惯容易得多，这是人生的一大悲哀。"养成逃避的习惯很容易，建立反逃避机制却很难，不是一朝一夕就能成功的。建立反逃避机制不仅需要勇敢地迈出第一步，还需要日积月累的坚持。

如何提升反逃避能力

人本主义心理学家马斯洛曾说过:"如果你有意地避重就轻,去做比你尽力所能做到的更小的事情,那么,我警告你,在你今后的日子里,你将是很不幸的。因为你总是要逃避那些和你的能力相联系的各种机会和可能性。"

遇事逃避的人容易陷入"努力和忙碌"的误区,这一类人会避重就轻,做一些相对容易的事情。这就会给人造成一种假象:努力和忙碌。但这里的"努力和忙碌"只是自我安慰的假象,于实际解决难题毫无益处,反而浪费时间和精力。

只有勇敢面对,并建立反逃避机制,才能从根源上解决问题。这是一个需要反复练习、不断总结经验的过程,可以试着从以下四个方面入手。

1. 改变思维模式，做好认知重建

在心理学中，认知重建是通过重新建构人们的思维模式，来改变人们的行为模式的认知行为疗法。

（1）在面对困难时积极转变观念，将"我不行"转换成"我可以"。如果任务比较艰巨，还可以告诉自己："就算我不能从1直接到10，也可以从1到2，只要一直努力，就会一直进步。"

（2）改变看待事物的角度，缓解心理压力。将"我又遇到了问题"转变成"我又有了新的学习机会"，并将焦点放在解决问题的方法上。

（3）正确看待过去的经验，变怀疑为信任。如果参加比赛的选手经历过一次失败就怀疑自己，认为自己不行，那么他在以后的比赛中很难取得成功。如果他不甘心于过去的失败，清晰地知道一次失败并不代表什么，那么他会有很大的发展潜力，比赛之路也会顺畅许多。

习惯性逃避的人可以重建自己的认知，正确看待困难和压力，培养积极的心态，方能有勇气解决问题。

2. 暴露疗法，从紧张到放松

暴露疗法是使患者暴露于使他恐慌、焦虑的情境中，来矫正患者的错误认知，以消除焦虑反应的行为疗法。

（1）害怕什么，就去面对什么。比如，害怕上台演讲，可以提前背诵演讲稿，并对着镜子或者朋友练习；与人交往紧张时，刻意创造社交机会，在一次次的练习中总结经验，从陌生到熟悉，从紧张到

放松。

（2）化难为易，逐个攻破。我们在面对生活中的难题时，也要学会将大困难分解成小困难，将大目标分解成小目标，再逐个突破。这样做的好处是：压力变小，行动力变强；即使解决不了全部的难题，也能解决一部分难题；建立自信心，未来更有勇气面对困难和压力。

对于习惯性逃避的人来说，使用暴露疗法可以让自己循序渐进地学会如何面对问题，以做到遇事不再逃避。

3. 自我提升，构建强大的内心力量

习惯性逃避的人认为自己能力不足，容易产生退缩心理，因此可以使用以下方法来提升自己外在的能力和内在的力量。

（1）提升专业技能。俗话说"一技在手，天下我有"。当人的专业能力足够强时，内心就会自发地升起笃定感、力量感和价值感，从而更有勇气面对问题。

（2）读书，拓宽自己的视野。可以养成每个月看一本书的习惯，当知识面拓宽、精神世界丰富后，就不会局限在当下的负面认知里。

（3）学习榜样的力量。不管是现代的名人，还是古代的圣贤，学习和借鉴榜样的优秀思维、处事经验，可以给人带来很大的触动，激发自己解决困难的决心。

（4）坚持运动。研究表明，长时间不运动会滋生负面情绪。适当运动则可以促进多巴胺的分泌，给人带来愉悦的心情。

当我们由内而外地提升自我，拥有面对问题的力量和勇气时，逃避就会成为过去式。

4. 真诚地坦露情绪，做轻松自在的自己

习惯性逃避的人害怕面对自己的负面情绪，更害怕别人看到自己的负面情绪。人们普遍认为，将自己内心最脆弱的一面坦露在人前是一件很可怕的事情，这样也加剧了人们的逃避行为。

如果改变策略，直面内心的负面情绪，又会有什么结果呢？

现在可以找出最近的压力事件，并分辨出自己内心的负面情绪，然后不带批判地告诉它："我看见你了，我接纳你了，这一切都不是你的错。"做到真心接纳自己的负面情绪，内心反而会安定下来。

又如，真诚地向他人坦露自己的负面情绪后，反而大概率会获得理解与接纳。最常见的是在上台演讲感到紧张时，坦率地告诉大家自己有点儿紧张，台下的听众不但不会嘲笑你，还会为你的真诚鼓掌。

不过，我们需要有意识地觉察自己是否真的是为了解决问题而这样做，防止将接纳变为另一种逃避。

反逃避是一套系统的应对机制，我们当然可以使用其中的一个方法来应对生活中的问题，但是建议四种方法同时使用，这样才能保证在一定的范围内困难、压力越大，从中学到的经验和获得的成长就越多。

一旦我们学会熟练地运用反逃避机制，未来的发展就有了更广阔的空间。

[小贴士]

　　改变并不轻松，还会经历一些痛苦，但这种痛苦意味着提升，是化茧成蝶的必经之路。在建立反逃避机制时，为了不让我们的整个人生都被逃避毁掉，我们必须忍受一小部分的压力和不适来改掉自己逃避的习惯。

心理学课堂——什么是鸵鸟心态

鸵鸟心态是由美国心理学家Elliot Weiner（艾略特·韦纳）提出的，它是指遇到危险时鸵鸟会把头埋进沙子里，以为自己看不见了就是安全的，用来讽刺人逃避现实、自欺欺人的消极心态。

其实，鸵鸟的奔跑速度快，时速高达72千米每小时，一般的野兽根本跑不过它。在遇到危险时，鸵鸟完全可以全力奔跑，躲避敌人的攻击。正如每个人都拥有无限潜能，只要掌握正确的方法，就可以应对生活中的难题。

那么，如果我们有鸵鸟心态，会带来哪些后果呢？

（1）拥有鸵鸟心态的人会使自己的社交圈缩小，工作能力得不到锻炼。我们在学习或工作中遇到困难时，最先想到的不是解决问题而是逃避，这样很难在学习或工作中取得成绩，个人发展会受到影响。

（2）拥有鸵鸟心态的人会让身边的亲人、朋友失望。因为他们逃避的不仅仅是自己认为的"危险"，还有他们身上应该承担的责任。

（3）拥有鸵鸟心态的人对社会的贡献有限。他们很难在社会上找到认同感和价值感，比较容易出现极端心理或行为。

鸵鸟心态只会让我们错失成长的机会，使人生变得乏味、平庸。因此，我们必须克服鸵鸟心态，正视存在的问题，并积极主动地寻找解决方案。

克服鸵鸟心态，需要我们付出努力和时间。但只要我们勇于面对挑战，不断学习和成长，保持乐观心态，就一定能够挣脱逃避的桎梏，走出伪舒适区，迎接更加精彩的人生。

第二章

打破习惯性拖延的枷锁

爱拖延的人是怎么回事

"快到交论文的时间却迟迟不想动笔,每天都很痛苦,怎么办?"

"朋友约我上午十点在咖啡厅见面,我却拖到十点才从家里出发……"

"明天就要提交工作方案了,可我现在还躺在床上玩手机……"

"快到月底了,我制订的学习计划却没有实施,难道又要拖到下个月了吗?"

在生活中,很多人被拖延困扰,迟迟无法行动,认为是因为自己懒惰和不自律,并因此产生自责、负罪感等情绪。从心理学角度讲,偶尔的拖延确实跟懒惰和不自律有关,但习惯性拖延却是一种失败的自我调节,即在明知拖延有害的情况下,还将要做的事情往后推迟的一种行为模式。

那么,人们为什么会有拖延心理呢?

1. 害怕失败和被否定

习惯性拖延的人不敢面对压力和挑战，因为他们害怕面对失败后的羞耻感和挫败感，以及随之而来的否定和责备。所以遇到自己认为无法完成的任务时，他们就会采取回避、拖延的态度。

2. 害怕成功和更大的责任

美国心理学家马斯洛提出了一种心理学现象，叫"约拿情结"，它是对成长的一种恐惧。面对机遇，由于害怕受人瞩目的压力及成功后需要承担的更大的责任，人们干脆选择逃避。

3. 抗压能力弱，容易被负面情绪压垮

习惯性拖延的人抗压能力稍弱，面对将要完成的任务感到困难和有压力，会下意识地想要休息一会儿。但是随着时间的消逝，他们的行动力越来越弱，于是开始焦虑、自责，消耗内心原本就不多的能量，陷入拖延的怪圈。

4. 能力不足，没有自信能把事情做好

即将要做的事情如果是在自己的能力范围之外的，很难完成，自己也没有自信能做好，那么就会产生畏难心理，从而开始逃避、拖延。

5. 不够自律，贪图一时的安逸

爱拖延的人不够自律，目标感不强，容易被外界干扰。在面对要做的事情时会觉得烦躁，容易被一时的玩乐吸引，等想起还有事情没做时，时间已经变得很紧迫，于是只能一边懊悔一边敷衍地完成任务。

由此可以看出，习惯性拖延的人并不是简单的懒惰、不自律，而是因对自我不够了解、信心不足而滋生出的自我逃避、限制自我发展的心理障碍。

史铁生曾在《最有用的事》中说过："拖延的最大坏处还不是耽误，而是会使自己变得犹豫，甚至丧失信心。"

偶尔的延迟行动确实能缓解压力，但是习惯性拖延会让人陷入难以行动、追求一种虚假的舒适的魔咒里。

> [小贴士]
>
> 美国心理学家简·博克和莱诺拉·袁在《拖延心理学》中说过："拖延从根本上来说并不是一个时间管理方面的问题，也不是一个道德问题，而是一个复杂的心理问题。"如果发现自己有拖延的习惯，不必自责，不用慌张，了解其背后的心理成因，找到正确的解决办法，就能有所收获，从容且乐观地面对生活中的一切。

你可以拖延一阵子，但不能"摆烂"一辈子

一些人因为问题很难或者自律性不高，面对难题喜欢一拖再拖，到了不得不面对的时候，会十分焦虑、懊恼，更加没有行动力，最后直接导致事情做不好或者完不成。这样不仅浪费时间和精力，还会降低他人对自己的评价，认为自己是个失败的人，继而丧失进取的勇气。

事实证明，拖延的事情不会消失，反而会变成压力，积压在自己的心底，令自己的心理负担更重。如果将等会儿做变成现在做、立刻做，在克服了最初的压力之后，就会告别拖延，养成积极做事的习惯。下面我们一起看一下有拖延习惯的人是如何成功摆脱拖延的。

高中毕业后就外出打工的小东认为，自己现在的工作不仅辛苦，工资还低，于是决定自考本科，以获得更好的就业机会。但他每次拿起课本就内心烦躁，觉得今天工作累了，应该先休息一会儿再学习，

然后就开始刷视频、打游戏，这一放松就很难再拿起课本了，自此他开始习惯性拖延。结果不出所料，考试失败。

小东十分后悔，于是开始自我反思：虽然学习很痛苦，但是一辈子做不喜欢的工作会更痛苦。于是他下定决心战胜拖延，努力通过补考。在此后的日子里，他制订了详细的学习计划，要求自己每天按计划完成任务；烦躁的时候就做几次深呼吸，摒弃杂念后又接着看书；觉得辛苦的时候就看看他崇拜的榜样是如何通过艰苦奋斗实现人生理想的。慢慢地，他养成了自律的习惯，看书也不再是一种压力。最后他通过了补考，并入职了喜欢的公司。

上述例子中的小东一开始不想面对压力，于是通过刷视频、打游戏的方式来拖延学习，导致考试失败。他后悔不已，下定决心克服习惯性拖延，好好学习，重新参加补考。功夫不负有心人，摆脱习惯性拖延的小东，最终顺利通过考试，并被心仪的公司录用。

但是并不是每件事都有"补考"的机会。如果我们总是认为问题很难，想着等过一段时间再解决，那么问题会变得更麻烦、更难以解决。俗语有云："明日复明日，明日何其多。"拖延不仅浪费时间，还会消磨人的意志，将拖延变成上瘾性行为，并产生愧疚、自责等负面情绪，过多地消耗自己内心的能量，以至于越来越没有力量面对问题。

海明威曾说过："如果你做什么都太拖沓，开始得太晚，就不能期望别人还待在那儿等着你。"一定不要小看拖延的危害，一时的拖延或许只会耽误事情，习惯性拖延却会耽误整个人生。

我们如果对未来还有期待，就要从现在开始改变不良习惯，从内而外地突破自我，告别拖延的人生。

[**小贴士**]

　　研究表明：许多成功人士都有制定目标后马上行动，遇到问题及时解决的习惯，而遇到困难就逃避、退缩，以致迟迟完不成目标的人较容易失败。安德烈·纪德在《人间食粮》中写道："表面上是拖延时间，实际上是拖延自己。"我们的每一次拖延，实际上都是在辜负自己。

如何找到立即做事的心理动机

"明明我已经下定决心要减肥了,为什么还是控制不住地暴饮暴食?难道被人嘲笑的痛苦无法成为我减肥的动力吗?"

"老板吩咐马上去做的事情,我感到十分排斥,虽然害怕被扣工资,但还是选择了一拖再拖……"

"明明有很多事情要处理,我却提不起一点儿精神去做,感觉自己好失败,好想逃离现在的生活……"

在日常生活中,我们经常会听到这样的话语,可见有习惯性拖延的人知道拖延不对,甚至对此十分痛恨,但又不知道怎么改变。之所以会这样,是因为没有找到做事的动机,才会在面对拖延这一阻力时显得十分无力。

心理学研究表明,人类做任何事情的背后都有其无法忽视的心理动机。而改掉拖延的心理动机便是培养起立即做事的习惯,迎来生活和工作上的改变。

比如：锻炼身体的心理动机是变健康，被人夸赞和欣赏，获得更多的机会，等等。而如果锻炼身体无法坚持下去，则是因为心理动机不足，找不到可以让自己坚持下去的理由。

那么，我们怎样才能找到坚持下去的心理动机呢？以下三种方法可供参考。

1. 明确当下什么对自己最重要

（1）根据马斯洛需求层次理论，人们所有行为都是由未得到满足的需求引起的。如果当下的生存需求已得到满足，那么就需要寻找其他需求来强化动机。比如：与人交往是为了获得归属感与爱，发展事业是为了获得自信与尊重，等等。

（2）价值观的选择。如果现在要做的事情与自己的价值观不符，那么很大程度上会造成内心的抗拒、拖延。在这种情况下，就要考虑换个方向。

（3）寻找"心流"事件。每个人都需要了解自己擅长什么、喜欢什么，做什么事情最容易进入"心流"状态。人们在自己感兴趣的领域，才更有行动力。

只有找准做事的心理动机，人们才会自然而然地立刻采取行动，来满足当下的内心需求。

2. 明确人生的长远规划，获取价值感的满足

很多人小时候都有过对未来的憧憬和幻想，虽然成年后的目标跟幼时的比起来大相径庭，但也表明人们对自己的未来都是有长远规划

的。只是不同的是，有些人对自己的目标十分明确，但有些人对自己的目标却十分模糊。清晰地知道自己想做什么的人做事更有动力和积极性，也更愿意面对困难和挑战。而对未来迷茫的人，通常内心软弱无力，人生如同浮萍般随波逐流，拖延也成为常事。

要想找到立即行动的心理动机，就一定要明确自己的人生愿景，然后从现在开始做一个详细的人生规划。

3. 明确自己成长进取的需求，寻找榜样的力量

阿德勒心理学强调：追求优越感和成功是人的天性。作为群居动物的人类会本能地与他人进行对比，由此产生自卑、进取等心理。人们可以利用这一天性，寻找榜样的力量，激发自己的行动力。这个榜样可以是名人、伟人，也可以是身边的优秀的人。但要防止过度攀比，消耗内心的能量。

如果把人比作汽车，人的心理动机就像汽油，当人缺乏行动力时，就需要"加油"。只有心理动机足了，我们才能不再拖延和逃避，顺利地将事情做完、做好，迎来成功。

[小贴士]

耶克斯-多德森定律指出："各种活动都存在一个最佳的动机水平。动机不足或过分强烈，都会使工作效率下降。"由此可以看出，在寻找立即做事的心理动机时需要达到供需平衡。

正确制定目标是打败拖延的开端

有多少人心怀梦想，对未来踌躇满志，却最终毁于拖延。其根本原因是人生没有目标或目标不明确，导致行动力持续性丧失。

只有正确制定目标，才能让人生拥有方向感和前进的动力。那么，怎样制定清晰、长远的目标呢？

彼得·德鲁克在《管理的实践》中提出了著名的SMART法则，可以帮助我们制定目标。其具体内容如下。

1. S（Specific）——目标具体

效率提升大师博恩·崔西曾说过："成功最重要的是知道自己究竟想要什么。"很多时候，制订的计划完不成或者制订计划后迟迟无法行动，根源就是目标制定得太模糊，不够清晰具体。只有明确地知道自己想要达成的目标具体是什么，人们才会有行动的动力和方向。

比如，想要升职加薪，那么晋升到什么职位，以及拿到多少薪水，就是一个具体的目标。又如，想要健身塑形的人，是想要练成马甲线或者拥有腹肌，还是仅仅减肥增肌就行，这些也是比较明确的目标。

2. M（Measurable）——目标可以衡量

目标可以衡量是指人们有一定的衡量标准来判断是否达到目标。比如，确定好减肥的目标后，体重就是衡量标准。又如，确定提高学习成绩的目标后，考试获得多少分数或者排名提升到多少名，即为衡量标准。可见，只有具备一定的衡量标准的目标，才有了实现以及更好地实现的基础。

3. A（Attainable）——目标能够达成

如果设定的目标属于白日做梦，根本不可能达成，那么它不但毫无意义，还会增加人们心中的挫败感。只有贴合实际、通过努力就能实现的目标，才能让人充满希望，并愿意为此努力。比如，考研选择院校时，如果选择与自己的实力相匹配的院校，就不仅有动力和信心，成功的概率也会变大。

4. R（Relevant）——目标之间的相关性

相关性是指目标与行动力之间的关联性和互利性。比如总体目标是竞选技术主管，那么提升专业能力就和总体目标具有相关性，如果这时候去提升弹钢琴的能力，则不但与当前目标无关，还会因时间和精力被分散而离总体目标越来越远。

5. T（Time-bound）——目标有时限性

如果只知道自己想要做什么，但却没有规定明确的时间，也很容易造成拖延。只有提前设定合理的时限，比如"我要在两个月内成功竞选主管职位"，这样做事情才会有紧迫感和积极性。

俗语有云："没有航行目标的船，任何方向的风都是逆风。"在没有明确人生目标时，人们大概率会随波逐流，但事情做到一半时又会发现这不是自己想要的，从而产生抗拒、拖延的心理，进而让自己陷入更深的迷茫中，感觉人生处处都是逆风。只有清晰地知道自己想要什么，并科学地制定目标，才能摆脱迷茫，让人生这条船驶向正确的方向。

> [小贴士]
>
> 管理学大师柯维在《高效能人士的七个习惯》中提出的时间管理优先矩阵理论可以帮助人们改变拖延的习惯。具体而言，时间管理优先矩阵将事情划分为四种类型，分别是重要且紧急的事、重要但不紧急的事、紧急但不重要的事和不重要且不紧急的事。只要人们运用时间管理优先矩阵，把需要做的事情划分优先级，便能获得处理事务的思路，增强行动力。

心理学课堂——拖延是积攒焦虑的温床

心理学研究表明：拖延不仅耽误事情，还会使人滋生焦虑情绪。通常拖延者在制定一个目标后，一开始十分自信，觉得这次一定能成功完成，但等到真正开始行动时，内心就会感到烦躁不安，为了安抚这一情绪，大脑便会自发地产生拖延的念头，想要做些放松的事情，等到状态好了再行动。

但是随着时间一分一秒地溜走，他们不仅状态没有变好，反而因为拖延而产生了巨大的压力，内心无比焦虑，同时还伴随着强烈的自责和负罪感。这样的状态导致他们更加不能好好做事，目标也自然难以完成。可见，一旦有了拖延的念头，出现了拖延的行为，就会引发焦虑，且会毫无悬念地陷入"越焦虑，越拖延；越拖延，越焦虑"的怪圈，很难摆脱出来。

那么，焦虑带来的危害都有哪些呢？

1. 想得太多，行动力弱

焦虑会让人在行动之前就在脑海里进行假设，比如：担忧自己会失败，不能胜任；觉得就算做好了也对未来没太大帮助，还浪费了时间；等等。殊不知，这样焦虑反而是浪费时间，还让自己身心俱疲，更加拖延和焦虑。

2. 犹豫不决，导致身心疲惫

遇到二选一的情况时，焦虑者会过分犹豫，选了A担心A不好，选了B又担心错失了A，导致心力交瘁。倘若在这种情况下随意选择一个，不久后又开始懊悔、自责，令身心更加疲惫。

3. 后悔自责，自我厌恶

发现自己有拖延症时，第一反应并不是立即行动，而是责怪、批评自己，导致自我厌恶、自我评价过低，自信心严重不足，拖延行为也更加严重。

4. "内耗"严重，丧失生活乐趣

焦虑是消耗人的内心能量的"第一杀手"。经常焦虑而导致过度"内耗"的人通常内心没有力量，缺少追求目标的勇气，也毫无生活情趣可言。

在日常生活中，焦虑无处不在，而拖延则会加重焦虑情绪，进而影响到整体目标的完成。因此，我们要从现在开始克服拖延的习惯，减少焦虑。

第三章

走出习惯性讨好他人的牢笼

为什么你总是在讨好别人

在生活中,有些人为了避免冲突或因为在意别人对自己的看法而刻意讨好别人。他们喜欢隐藏自己的情绪,即使生气也会压抑自己的情绪;即使知道别人的要求不合理,也会答应;受到了伤害,会习惯性地从自己身上找原因。长此以往,这些人逐渐形成了讨好型人格,等到自己觉得不对劲时,已经很难改变了。

在心理学中,讨好型人格又叫迎合型人格,讨好型人格的人会习惯性忽略自己的感受,即使违背自己的意愿也要讨好、迎合他人。心理学家帕戈托博士曾指出,这是一种潜在的不健康的行为模式。但是处于这种模式下的人们往往看不出这样做有什么不对,即使深受伤害也会认为是自己不够好,或者认为是这个世界对自己不公。长期如此,不但会严重降低自己的生活质量,还会影响自己的人格的发展。

为了更好地认识讨好型人格,我们可以一起看一个案例。

正要出门买饭的小红答应了室友帮忙带饭的请求。饭买回来后，室友夸小红人美心善，是"中国好室友"。小红很开心能帮助到别人，也感觉两人的关系似乎变亲近了。但是第二天，室友又要小红帮忙带饭，小红心里有点儿不高兴，但为了不破坏两人的关系，只好再次答应。

这让小红心里十分不舒服，感觉自己像个仆人。当她想要拒绝的时候，内心却有个声音冒出来："如果拒绝了室友，室友会不会生气，觉得我太斤斤计较？如果因为这种小事吵起来，我岂不是要被人说小气？要不，我还是继续帮忙吧……"就这样，小红帮室友带了一个学期的饭，直到新学期重新分配室友，她才松了一口气——终于不用强迫自己给别人做事了。

在这个案例中，小红的做法体现了讨好型人格的几个特点。

1. 害怕面对冲突，不懂得拒绝

小红因为害怕面对冲突，担心人际关系破裂，所以不敢拒绝，只能一次次地回避自己的内心感受，强迫自己给别人做事。即使十分想拒绝，也因为害怕破坏关系，再次选择勉强自己。

2. 依靠帮助他人来获取价值感

有些人因为不自信，便依靠帮助别人来证明自己的价值。正如小红被夸赞人美心善，是"中国好室友"后，内心十分开心，导致再次面对这个请求时，不想打破自己"中国好室友"的形象，于是只能继续做她并不愿意做的事情。

3. 不敢请求帮助，害怕被拒绝

有些人认为自己不够好，如果请求别人的帮助大概率会被拒绝，伤到自尊，所以宁愿不开口。他们在请求他人帮助时，会问自己："这点儿小事还要麻烦别人不太好吧？如果被拒绝了怎么办？拒绝之后，会不会影响我们之间的关系？"长此以往，本来是双向付出的平等关系，就变成了单方面的自我牺牲式的付出。

4. 常常批评自己，自我评价过低

自我评价过低，经常认为自己做得不够好，遇到事情喜欢从自己身上找原因。比如，小红明明已经感觉到不对劲，认为自己像室友的"仆人"，但她最终把责任揽到自己身上，不想让他人觉得自己是爱斤斤计较的人。

从案例中可以看出，小红迎合他人的原因是不敢面对冲突，害怕人际关系破裂，在意别人对自己的看法。但她不知道的是，这样做会让她的内心充满矛盾和冲突，过度在意别人的评价只会让自己无底线地"内耗"，用自己的能量去喂养别人的自私，不但不会得到别人的尊重，还会被别人轻视。

弗洛伊德指出：多数人的心理问题都源于童年时期的经历。通常，讨好型人格的形成原因有以下几点。

1. 从小就需要看人脸色，习惯性迎合别人

如果家中有暴躁易怒的父母，为了避免受到批评或责罚，孩子可能很早就学会看别人脸色来"规范"自己的一言一行；或者在别人家寄宿过，担心给别人添麻烦，害怕被赶出去，而不得不迎合别人。

2. 经常被忽视，用过度的付出换取关注

有些孩子可能在学校不受欢迎，必须牺牲自己的一部分感受来讨好别人，换取别人的关注与认同，以便融入集体。久而久之，这种看人脸色的讨好行为就会变成难以改变的习惯。

3. 有心理创伤，自尊心受损

有些孩子因为长期遭受冷暴力或者经历过校园霸凌等而有心理创伤，自尊心受损，认为自己低人一等，习惯将自己放在低位。即使别人真诚地考虑他的需求，也会认为自己不配，然后说"都可以""都听你们的"。

4. 严重缺爱，希望用真心换真心

由于在成长过程中严重缺爱，有些人想从外部获取爱，经常打着"以真心换真心"的旗号过度付出，期待别人有同等的回应。但最终的结果往往是一次次的期望落空，最后心灰意冷，认为这个世界上没有人爱自己。

如果深入了解讨好型人格者，就会发现他们心中都藏着一个经常被忽视，又十分敏感且伤痕累累的缺爱的"小孩"。这个"小孩"害怕被拒绝、被无视、被责备和被抛弃，为了维持内在"小孩"对和谐的期待与追求，他们就会习惯性讨好别人。并且严重的是，许多讨好型人格者并不觉得自己这样做有什么不对，这又让他们的心理在不知不觉中受到进一步的伤害。等到他们内心的力量被剥削完毕，再也坚持不下去的时候，可能就会发生让他们承受不了的事情。

阿什法则告诉我们："承认问题是解决问题的第一步。"如果发现自己有讨好型人格，也不必担心，只要了解问题的根源，运用正确的方法，就能改变习惯性讨好别人的行为模式。

[小贴士]

稻盛和夫曾说过："如果善良得不到应有的尊重，那么最好的方式就是翻脸。"多数讨好型人格者都很善良，他们用牺牲自己的方式来换取跟他人的和谐相处，宁愿委屈自己也不想伤害他人。但善良有时候会被有心人利用，在这种情况下，要学会打破平衡，拥有翻脸的勇气，跟不善良的人划清界限。

你明明很优秀，却依然渴望别人的肯定

在生活中，你有没有遇到过这样一类人：他们明明能力很强，在外人看来十分优秀，却还是觉得自己不够好，从而习惯性地通过讨好他人来获得肯定。而且这类人不敢和他人发生正面冲突，遇到问题就只会习惯性逃避，以致成为别人眼中可以被随意拿捏的"软柿子"，让自己的利益屡屡受损不说，还严重影响职业发展。下面通过杰瑞的案例，深入了解一下这类人的心理。

杰瑞带领着一支团队，他的工作能力很强，手上的项目收益都很高，但他却不擅长处理人际关系，一遇到冲突或受到下属的质疑，就会下意识地逃避，从不正面处理问题，而是一味地通过妥协、退让来讨好身边的人，看似解决了问题，实际上却成为下属眼中的"软柿子"，老板也不满意他的团队管理方式。

这不，在他带领的团队里就发生了一件令人很不解的事情。事情

是这样的：他带着两个助理出差谈生意，这两个助理是情侣，热恋中的两个助理希望能趁着这次出差的机会去旅游。面对这样的请求，杰瑞觉得很荒谬——谁家的助理会在出差的过程中去旅游，把工作时间当作约会时间？他很想发火拒绝，但一想到这样会跟助理起冲突或者被责备不近人情，于是他就选择了逃避这个问题，助理干什么他都视而不见，并自己忍气吞声地做完了所有事情。后来这件事传到老板耳朵里，老板给他下达了最后通牒：如果不能好好管理团队，就让给更有能力的人来做。

杰瑞对此很苦恼：为什么别人就能很顺利地给下属安排任务，而他却唯唯诺诺，变成了讨好下属的人？回忆往昔，似乎从童年开始他就在讨好别人。他在十分严苛的家庭环境下长大，小时候不管拿多少奖状和奖学金，父母都会说这点儿成绩算不了什么，并指出他还有哪些地方没有做好。于是，为了讨好父母，得到所期待的认可和赞扬，他就会更努力地学习，完善父母指出的他还"不够好"的地方。长大以后，他将这种讨好模式带进了职场，面对下属时，他依然竭尽所能地满足他们的要求，自己一个人承担所有压力，导致陷入举步维艰的境地。

他知道这样讨好他人不对，不仅被人看不起，还完不成老板交代的工作。他下定决心要改变现状，打破固有的思维模式和行为模式，于是就在朋友的建议下去看了心理医生。在心理医生的指导下，他一点点地提升自我，不再期待他人的认同，也不再害怕冲突。最后，杰瑞不仅保住了工作，工作能力也有了飞速的提升。

下面是他实践的几种方法。

第一种，从此刻起，不再期待他人的肯定，只关注自己的提升，肯定自己的优点和付出。与其讨好他人，不如讨好自己的内心，让自己的心灵变得更强大，有勇气面对各种冲突，而不是做一只鸵鸟，逃避一切问题。

用积极的语言和思维来武装自己，将"我没什么好的地方，我很一般"转变成"我很好，我这里做得不错，那里也很优秀"。面对别人的夸奖，不再下意识地否定，而是欣然接受。

当一个人内心有力量，不再向外界获取认同和夸奖的时候，他自然就不会再做讨好别人的傻事。

第二种，面对职场冲突，首先，不要慌乱，坦然面对；其次，探寻冲突背后的根本原因；最后，试着通过一些方法来化解冲突，包括开诚布公、晓之以理等。

安排下属工作时，只要结果，不问过程。面对抱怨，只听取合理的建议，并加以改善。面对不合理的需求，坚决拒绝。

冲突并没有那么可怕，要有"兵来将挡，水来土掩"的从容，深层次剖析上下级关系，工作完成得漂亮，自然能得到领导的赏识。只有直面冲突，才能化解冲突。

第三种，将"我能行""我很棒了""我可以处理好""无论结果怎样，我都赞扬自己的勇气，我都爱我自己、肯定我自己"等想法变成固定思维。长期这样对自己进行正向思维的能量"加持"后，在面对冲突或困难时，就不会再习惯性地逃避，而是积极面对。

如果案例中的杰瑞不改变之前的思维模式和行为模式，那么就算他的个人能力再优秀，也无法获得成功。只有当他学会不再期望得到他人的肯定，学会发现自己的优点和自我肯定时，他的工作和生活才会迎来质的提升。

[小贴士]

有些讨好型人格者不愿做出改变，原因在于有时候确实会因讨好他人而受到一定的照顾和优待，或者躲掉一些批评和责罚。但他们没有想到的是，更多时候，一味地讨好、迎合，只会被人忽视、利用，甚至欺辱。当一个人连自己都不尊重自己时，又怎能得到他人的尊重呢？

忙着讨好他人，却迷失了自我

几乎每一个习惯性讨好他人的人内心都很疲惫，他们不敢拒绝别人的请求，遇到需要别人帮助的事情时也不敢主动寻求帮助。时间久了，他们会给人留下一种似乎什么事情都能解决，不管遇到什么问题都不会被打倒的印象。

但只有他们自己知道，他们的内心有多脆弱，仿佛风一吹就会破碎。他们偶尔也会在心里问自己："为什么会这样？到底哪个才是真的自己？"但更多时候，他们会逃避回答这个问题，第二天一早，他们又会压下所有负面情绪，变得"无所不能"了。

英国精神分析学家唐纳德·伍兹·温尼科特曾提出"真我""假我"的概念。他指出："真我"是从内心感受出发并获得真实体验的自我，也可以理解为活出了自己；而"假我"则是指隐藏起了自己的真实感受，将他人的感受当作自我的外在感受。靠"假我"活着的人，他们外在看着一切正常，其实内心充满了委屈、痛苦等负面情绪。

而习惯讨好的人就是丢失了"真我"，以"假我"活着的人。他们为了让别人高兴，不顾自己的感受，一切以别人的感受为出发点，这让他们的内心变得伤痕累累。

凯特就是这样一个习惯性讨好他人的人。

凯特的父母在凯特小时候经常说他们喜欢外向的孩子，还开玩笑说要把内向的他"扔掉"。为了讨好父母，他刻意伪装成外向的小孩，博取父母的欢心。没多久，父母又说他们喜欢能干的小孩，于是他又开始帮父母做家务，学习各种技能。

渐渐地，凯特就不知道什么是快乐了，也体会不到生活的乐趣，仿佛他只是一个外向又能干的躯壳。他很难交到朋友，经常被身边的人评价为"虚伪""假好人"，就连女朋友也要和他分手，说她需要的是一个和她心意相通的男友，而不是习惯性讨好别人、没有一点儿自我的假人。

凯特十分难过，他其实早就感觉到了不对劲，但却不敢面对，以为逃避后问题就不存在了。现在他明白了，自己必须找到办法改变自己讨好别人的行为，拒绝"假我"，找回"真我"，不再逃避现实和已经存在的问题。

凯特最终用以下几种方法重新找回了自我。

1. 寻找内心喜欢的人和事，不再压抑"真我"

列出自己身边的人，判断一下跟哪些人相处时比较愉快，又与哪些人相处时感到厌恶，然后总结出自己喜欢什么样的人。回顾之前或最近在做的事情，想想哪些是做起来很开心的，哪些是很痛苦的。想一想去过的地方，哪里感觉比较舒适，哪里比较排斥。

只有知道自己真正喜欢什么，才能分清哪些是自主选择，哪些是讨好。

2. 学会真实地表达感受，开启鲜活人生

遇到不开心或比较排斥的事情，可以真实地表达自己的感受，不委曲求全。遇到令人愤怒的事情，该发脾气就发脾气，不要给他人欺负自己的机会。只有这样，人生才会变得鲜活。

3. 找到人生目标，不做"沉睡"的人

不要只是活着，要为活着而活。要想活出自我，就要找到自己的人生目标，描绘出那个让人一想到就充满期待的未来蓝图。

4. 换个环境，收获全新的自己

如果在现有的环境中很难摆脱过去的枷锁，那么可以考虑换个环境居住，或者外出旅游，与新的人和事去碰撞，寻找真实的自我。

凯特在按照上述方法实践后,发现了完全不一样的自己,人生焕然一新,不仅收获了许多真心喜欢他的朋友,生活也变得美好且有意义。现在他依然是朋友眼中的强者,但他已不再去讨好别人,不再伪装自己。现在的他专注于目标,内心坚定而有力量,也十分具有人格魅力。

从凯特的案例中可以看出,习惯性讨好的人非常容易迷失自我。他们不知道自己为什么要做一些事情或不做一些事情,只是依照过往的经验来思考和行事。他们看起来和常人无异,但却回避了内心深处那个最真实的自己。如果放任下去,他们就会丧失活力,变成行为模式的奴隶。这种时候就该停下来,找一找那个迷失的真实的自我。

[小贴士]

讨好型人格者容易被贴上"虚假""伪善"的标签,这其实是对他们的二次伤害。要知道,讨好型人格者的内心是极度缺乏安全感和爱的,这导致他们不敢表达自己内心的真实想法,甚至不敢比别人优秀,害怕自己因此会被别人讨厌和孤立。但越是活得没有自我,就越无法拥有安全感和爱,只有放弃讨好他人,勇敢做自己,才能找回自我,获得所期望的安全感和爱,这两样东西是自己给自己的。

不会表达心声，导致不被理解

跟朋友聚会时，因为不敢表达自己的喜好，所以每次都会去朋友喜欢的地方，吃朋友喜欢吃的东西。

领导分配了不合理的工作任务时，为了避免跟领导发生冲突，只能默默承受。

在重要的会议中，明明有独特的见解，但是为了逃避别人的目光，习惯性地选择了沉默。

跟别人发生矛盾时，不会表达自己的想法与感受，只能忍气吞声，最后有理也成了没理，只能躲在角落里偷偷哭泣。

恋爱时，不会明确说出自己的想法，又因对方不理解自己，而感到委屈，认为对方不爱自己。

经过一系列的挫折后，最终只能抱怨："为什么所有人都要强迫我做不喜欢的事？为什么没有一个人理解我？"

这些事情在生活中经常发生，当事人还会因此怨天尤人，认为没有人理解自己、关爱自己，却不知道这些问题最大的根源在于他不懂得表达自己的想法。

也许你会困惑：表达自己内心的想法很难吗？他们什么都不说，谁知道他们心里到底在想什么呢？

但真实的情况是，对于不会表达自己的想法的人来说，表达自我确实很难，甚至在心理上有种窒息感，所以他们会选择逃避，拒绝坦露自己的心声。

客体关系理论曾指出，一个人与他人的互动模式，是在童年时期的人际互动中建立起来的。追溯根源，人在成长过程中或多或少都有过类似这样的经历。

（1）原生家庭中有一位十分严苛的权威人士，只要做错一点儿事情就会遭到责罚，表达想法和感受会被视为反抗和叛逆，遭到更严厉的责罚。于是，为了"保护"自己，这些人不得不选择压抑自我。

（2）在与同龄人交往的过程中，一直处于被欺负的状态，导致人格受伤，顺从成了性格的底色。

（3）在成长过程中，一直被规训要听话、懂事，或者被告知这样做不对、那样做不行，没有任何表达自己的想法的机会，最后变得没有主见，羞于表达，习惯性地听从别人的指挥。

由此可以看出，不管是为了逃避更可怕的后果，还是不具备表达的能力，或者是有过心理创伤，不懂表达自己，这些人的内心深处其实也很想真实地表达自己，拥有良好的人际关系，只是他们一时做不到而已。下面介绍几种有助于真实地表达自我的方法，供大家参考。

（1）认识到表达的重要性。有些人会天真地以为，伴侣或朋友就是哪怕自己什么都不用说,也能猜到自己在想什么的人,否则就不配做自己的伴侣或朋友。

但其实良好的关系的建立,靠的是你来我往的沟通与了解,而不是单方面的猜想法。毕竟,谁也不是谁肚子里的蛔虫,也不会读心术。认识到表达的重要性,是解决问题的第一步。

(2)由内而外,清晰地表达自己的感受。这包括两个方面。一是先了解自己内心的想法和感受,再去告诉他人。如果别人的言行或要求让你感觉不舒服,那就辨别自己是生气、难过、委屈还是有其他感受,然后清晰坚定地告诉别人:"你刚刚做了什么、说了什么让我有了什么样的感受,我的想法是……"二是从与亲友的交往开始,尝试真实地表达自我,再到与陌生人的交往中,向他们真实地坦露自己的需求和心声,直至完全掌握表达自己的方法。

(3)面对冲突,温和且坚定地表达。童年的经历已经过去,作为成年人的我们早已拥有了面对冲突的强大心理与解决问题的能力,只是我们还不曾挖掘、正视它。面对冲突时,我们要清楚地知晓自己内心的想法和感受,并温和而坚定地表达出来。只有这样,才能牢牢守住自己的边界,不让自己受伤,不委曲求全。

(4)表达自己的委屈或不开心,是让别人了解和尊重自己,也是寻找真正的朋友的好方法,并不是软弱的表现。有些人认为表达自己的委屈或痛苦等感受是软弱的表现,是剖开自己脆弱的一面的举动,这样会导致别人看不起自己,或者会让别人更加肆无忌惮地伤害自己,因此不愿意沟通,这样只会使自己的内心更加封闭。

须知表达自我是让别人了解和尊重自己,也是寻找志同道合的朋友的最佳工具。我们每个人都有坚强的一面,也都有脆弱的一面,在真实地表达自我的过程中,也许得不到一些人的理解,但更多时候我们会遇到另一颗真诚、善良的心。这时候就能筛选出,哪些是我们生命中可以长久相伴的人,哪些只是生命中的过客。

马克·吐温曾说过:"对人的了解是通过心,而不是通过眼睛或智力。"如果学不会正确地表达自我,不被理解就会成为常事。我们要学会表达心声,勇敢地说出自己真实的感受和需求,这样才能交到真正的朋友,遇到对的人,从而拥有和谐的人际关系、美好的未来。

[小贴士]

　　心理学中有一种现象叫"述情障碍",指的是一个人的心中有很多感受,却无法用语言正确地表达出来。时间长了,这些人要么刻意回避情绪,要么突然失控,对自己和周围的人都不利。在这种情况下,就要学会辨别自己的情绪、感受,并合理地表达出来。

拒绝也是一门学问

相信很多人都经历过这样的事情：别人请你帮忙，你虽然不太情愿，但是碍于情面不得不答应。这种事偶尔发生一两次还行，但如果次数多了，而自己又完全不懂拒绝，那么就会把自己搞得心力交瘁，还可能因为办不好事情而被人埋怨。

其实拒绝是人们在面对自己不喜欢的人和事时的一种本能反应，不敢拒绝则是一种心理障碍。而这种心理障碍的根源正是人们内心深处的恐惧，害怕拒绝后会伤害别人或得到不好的评价或破坏关系等。因此为了逃避这些"可怕"的后果，只好硬着头皮答应。让我们一起来看看下面的案例中的安娜是如何解决这个问题的。

刚进入职场的安娜不敢拒绝领导、同事，导致她的工作量比同期的实习生的多了一倍，同时她还做了许多不属于她的杂活儿，这令她疲惫不堪。但即使她做到了这个份儿上，她还是在无意中听到领导说她办事效率低，工作不够负责，等到实习期结束就辞退她。

安娜十分难过，她进行了深刻的反思，找到了问题的根源——她不懂拒绝。领导之前安排的任务还没做完，她又接下了另一个任务，导致两个任务的进度都被拖慢了。同事吩咐的杂活儿她原本可以拒绝，但为了避免冲突，她违心地做了，并为此耽误了本职工作。于是，她就变成了领导口中效率低下、不负责的人。

发现了问题的根源的安娜决定不逃避，直面拒绝这件事。第二天一早，同事请她帮忙买咖啡，她直接回复："现在是工作时间，要买自己去买。"同事对她表示不满，她也视而不见。领导过来问谁现在有空做某项工作，她也不再主动回应，只专注于自己手中的工作。这时领导习惯性地想将任务交给她，但她十分坚定地说："我现在还有工作没有做完，请找其他有空的人。"领导只能悻悻地离开。

安娜拒绝了领导和同事后发现，拒绝并不会产生什么可怕的后果。相反，懂得拒绝之后，她不仅轻松且高效地完成了工作，还能在业余时间提升专业能力，人也变得自信了许多。到了实习结束的那一天，她顺利地转为正式员工。她感叹不已：原来拒绝真是一项不可或缺的能力。

安娜的经历告诉我们，我们应专注于自己想做的和该做的事情，拒绝不属于自己的事情，才能活得更加轻松。

接下来分享几个拒绝别人的小窍门，希望大家都能拥有拒绝他人的勇气和能力。

1. 改变认知，做有原则的人

许多人不敢拒绝他人，是担心别人对自己的评价不好，或者破坏与他人的关系，但真正值得交往的人不会因为一次拒绝就给出不好的评价或翻脸。敢于拒绝且表达自己的真实想法的人，反而会被认为是真诚的、有原则的，从而得到他人的尊重。

2. 不同情况不同对待，掌握拒绝的学问

（1）面对客气礼貌的请求，温柔又坚定地拒绝。不因对方有礼貌就感到愧疚，进而违背自己的意愿和原则。坚守内心，礼貌拒绝即可。

（2）对于做不到的事情，坦率承认自己无能为力，并根据实际情况，帮忙想想其他的解决办法。

（3）遇到蛮横无理的要求时，斩钉截铁地拒绝。千万不要怕破坏关系，当对方提出无理的要求时，就说明这个人不值得深交。

（4）如果担心自己拒绝后，下次对方也不会帮助自己，那么就如实说出自己当下的难处和苦衷，表明下次能帮忙的一定帮，或者直接交换条件，说明自己帮忙做这件事会牺牲掉什么，下次自己遇到问题时对方能帮得上忙的也不会轻易拒绝。

（5）如果当下不确定是否能帮到对方，可以思考过后再回复，避免冲动答应后却又做不到。

（6）尽量私下拒绝，给双方留点儿情面。如果实在无法避开其他人，也可以另找合适的机会委婉地拒绝。同时，自己如果能帮着想其他办法，也应该主动帮忙想办法。

（7）在一些情况下，可以用"公司规章制度不允许""领导不同意"等理由，让对方不再为难自己。

3. 只有接纳别人拒绝自己，才能坦然拒绝别人

许多人之所以不敢拒绝他人的请求，往往是因为他们有"害怕被拒绝"的心理。他们害怕一旦拒绝了他人的请求，就会失去对方的友谊、信任或者尊重。这种担忧使得他们在面对他人的请求时，即使内心并不愿意，也会选择妥协和迎合。

拒绝不意味着失去友谊、信任或尊重，这是一种保护自己的权益的重要方式。通过增强自我认知和自信心，我们可以逐渐学会在适当的时候说"不"。

客观来讲，拒绝或被拒绝都不是让人愉悦的事情，忧思过多者还会因此产生一系列的负面情绪，但拒绝别人不合理的请求，可以让我们更好地掌控自己的时间和精力，从而活得更轻松。

[小贴士]

　　心理学家阿德勒认为：一切烦恼都是人际关系的烦恼。作为群居动物的人类，活在各种各样的人际关系中，如果学不会拒绝，就会丧失自己的边界，导致任何人都能肆意"侵占"自己的领地。这样会把人搞得疲惫不堪，让人在心里积压很多愤怒和怨气。当这些负面情绪积累至临界点，便会引发不可想象的冲突，给关系带来毁灭性的打击。

心理学课堂——成为自己，尊重"真我"

每一个习惯性讨好他人的人，为了迎合他人的需求，会压抑自己的感受，在不断的妥协与迁就中逐渐丧失个性，活成他人的影子。

由于人们本能地厌恶空虚和无意义，因此失去自我，活成没有自己的思想、感受的"假人"是一件让人难以接受的事情，更严重者，还会造成自我伤害与毁灭的后果。

只有活出自己，从自己的感受、意愿出发去接触每一件事、每一个人，自己才会有力量、有活力、有希望。接下来分享几条建议，帮助讨好型人格者找回自己，成为自己，懂得尊重"真我"。

（1）找到自己的人生目标，并记住人是为自己而活，有自己的感受与评价标准，不过度寻求他人的认可，将自己的所思所想放在首要位置。

（2）在与人交往的过程中，如果与他人发生冲突，要接纳自己的情绪，适当表达自我，不压抑自己内心的感受。同时接受关系有开始就有结束，朋友不在于多而在于精这样的事实。

（3）尊重"真我"，反思自己所做的一切是否符合本心，是能给自己带来喜悦和希望，还是会带来恐惧和焦虑。不被外界影响，用心创造自己的生活。

（4）热爱自己，欣赏自己，接纳不完美的自己，向美好靠拢，但不陷入执念。

一味地讨好别人，从别人的关注和评价中获取价值感，不过是用自己的躯体活出别人的理想人生。只有活出自我，尊重"真我"，我们才会变得鲜活，变得更有个人魅力，同时也更能受到他人的尊重和喜爱。

第四章

直面恐惧，才能消除恐惧

越逃避，越恐惧

"因为害怕面试官的提问，担心求职被拒绝，所以一直不敢出去找工作。现在三个月过去了，担心面试官会问为什么几个月都没找到工作，更加不敢出去面试了……"

"非常害怕冲突，每次跟女友有矛盾就逃避，导致问题越来越严重，让人更加害怕面对，最后只能走到分手这一步……"

"考研通过初试后，因害怕复试失败，一直逃避准备复试。到了复试那天，又因为害怕发挥失常，导致最终失败……"

在生活中，你有没有遇到过这种情况：感觉解决一件事情太可怕了，让人难以面对，然后就下意识地逃避，以为逃避了问题就会消失，却发现问题不但没有消失，还发展成更复杂、更难以解决的问题，自己的恐惧和畏难情绪也愈加严重，导致自己越来越不敢面对，陷入越逃避越恐惧的怪圈。

从心理学的角度讲，恐惧是人在面临危险事物时所产生的一种防御机制，是人在人身安全受到威胁时，自动产生的战斗或逃跑的反应。面对天灾、人祸等不可抗力因素，恐惧可能会帮助人激发出强大的求生欲望，从而让人逃脱危险。但更多时候，恐惧是一种因想象或假设严重后果而产生的负面情绪，不但起不到任何帮助作用，还会存在以下几种危害。

1. 加速身心能耗，令人无力面对问题

当人们感到恐惧时，身体会自动进入防御状态，大脑迅速充血，神经高度紧绷，这样不仅会严重消耗人体的能量，令人疲惫不堪，还会消耗人的心理能量，让人越来越没有精力去解决问题。

2. 失眠、多梦，令人情绪低落

恐惧往往伴随着焦虑心理，令人精神不济、情绪低落，面对问题时缺乏解决的勇气。

3. 降低行动力，容易让人产生逃避心理

如果恐惧大于内驱力，就会让人丧失行动力，养成逃避的习惯，导致积攒的问题越来越多，只想逃避，不敢面对。

4. 影响日常生活和决策

如果逃避成为习惯，那么生活就会被无限压缩，个人发展会被严重限制。同时，人在恐惧之中会做出很多错误的决策，甚至不敢做决策，最终发挥不出自己的才能，彰显不了自己的价值。

由此可以看出，因想象或假设不良后果而产生负面情绪，然后下意识地逃避，实在不是明智之举。只有积极看待问题，不妄想和胡乱假设，用正确的方法直面问题，同时保持积极的心态，才能消除恐惧，让心灵回归平静。

[小贴士]

假想敌是恐惧的滋生地，让我们在虚幻的战场上疲于奔命。例如，在职场上，我们会担心同事的嫉妒和陷害；在社交上，我们会担心他人的评价和眼光；在家庭中，我们会担心亲人的不满和失望。这些恐惧让我们无法轻松自如地生活。

要想摆脱假想敌的困扰，我们首先要正视内心的恐惧。这些恐惧可能源于过去的伤痛、对未来的不确定或者是对自我能力的怀疑。只有当我们勇敢地面对这些恐惧，才能看清它们的真实面目，找到克服它们的勇气。

我们是如何被恐惧一点点吞噬的

我们是如何被恐惧一点点吞噬的？

恐惧可以一点点吞噬我们的意志力和能量。那么恐惧为什么会有如此大的破坏力呢？在一定程度上，是我们在无形中助长了恐惧的气焰，通过不作为或逃避来使之膨胀。就像滚雪球一样，恐惧的雪球越大，就越难被控制住。

被恐惧支配的人大都有这样的特征：不敢面对现实，逃避问题，看不清自己真正的实力，做事犹豫不决，"前怕狼，后怕虎"。

唯物辩证法认为：量变的积累超过度的界限会引发质变。积极的积累可以促使人提升能力，让人变得果敢、坚强；而消极的积累则会令人丧失斗志，变得脆弱、想逃避。恐惧属于后者。当人们习惯了逃避，内心就会被恐惧支配，致使行动力减弱，精神萎靡不振，负面情绪"爆棚"，慢慢地把自己变成一个"毫无价值"的人。

例如，有人会因为经历数次模拟考试失败而对高考产生恐惧，感觉身心都被掏空，丧失了斗志，导致学习状态很差，自暴自弃地认为自己根本考不上理想中的学校，最后真的使自己与喜爱的学校无缘。

在职场上，也有很多人因为一时的恐惧而错失晋升的机会，例如下面这个案例中的雷杰。

记得有一次，领导把一项重要的工作交给雷杰，雷杰十分感谢领导的器重，想要牢牢抓住这次机会。但是在真正面对这项工作时，雷杰又开始害怕起来，害怕自己能力不足，完成这项工作太困难。同时，他也担心付出与回报不成正比。因此他花了很多时间去做前期的准备工作，但就是迟迟不肯正式开始行动。眼看快到了与领导约定的时间，他越来越恐惧，内心好似有块巨石压着，与此同时，他身体里的能量也一点点被消磨殆尽，最终连在公司待下去的勇气都没有了，直接提了辞职……

恐惧本身其实并不可怕，但它会一点点蚕食人们的意志力、自信心，消磨人的斗志；而人一旦没了斗志，最后就只剩下逃避这一条路了。

想要摆脱恐惧，恢复正常状态，就要找出恐惧形成的原因，主要有以下几点。

1. 害怕犯错或失败

人们往往都害怕失败后被人嘲笑、被人看不起，因此认为只要不去做，就是安全的，就不会被那些糟糕的情绪折磨，更不会被人嘲笑和看不起。

2. 担心付出后得不到应有的回报

这种现象在心理学上叫"损失厌恶",是指当预计得到的结果与自己的付出不匹配时,人们就会下意识地抗拒和逃避。这种情况导致的后果就是遇到机遇时首先想到的不是成长和收获,而是担心付出后得不到应有的回报,一番犹豫后还是选择待在舒适圈里,从而使得自己难以突破。

3. 对未知充满恐惧感

人们对于未知的事物有种天然的恐惧感,如害怕黑暗、害怕改变、害怕死亡等。当恐惧情绪被放大到难以面对时,人就会下意识地逃避。

4. 怕孤独,怕不被爱,怕不被认可

人们都很怕被抛弃,害怕自己成为孤岛,由此而来的恐惧可能会促使人们做一些事情,但也可能会使人们陷入情绪旋涡,令自己寸步难行。比如,社交恐惧的源头是期待别人喜欢自己,但又担心别人不接纳自己,从而导致回避社交的负面行为。

5. 怕承担过多的期待和压力

一些人喜欢过没有压力、节奏慢的生活,这时如果让他们承担过多的期待和压力,他们就会选择逃避。比如,领导对某个员工寄予厚

望，令这个员工感到压力骤然增加，从而抗拒工作。

由此可以看出，恐惧形成的原因复杂多样，而恐惧又常常使人习惯性地逃避。想要清除心中的恐惧，就要找出它产生的根本原因，然后有针对性地击破，唤醒被恐惧磨灭的斗志、勇气和信心。

[小贴士]

"损失厌恶"是由美国普林斯顿大学的教授卡尼曼和特沃斯基提出的。它是指人们在面对相同数量的收益和损失时，由收益所带来的快乐很难抵消损失所带来的痛苦，这就是"损失厌恶"心理。在应对"损失厌恶"心理时，我们应学会理性地审视问题，既要珍视现有的一切，也要有勇气直面潜在的损失，从而坚定地在人生道路上稳步前行。

行为实验法告诉你，担心的事都不会发生

很多人在面对新事物、新环境或者新的挑战时，都会因为害怕出丑或失败而心生恐惧，从而选择逃避。哪怕因为逃避错过了好的机遇，失去了本该享受的乐趣等，也在所不惜。可见恐惧对人的发展会产生多大的破坏力。人为什么会那么容易产生恐惧这种情绪呢？这是因为大脑善于制造并放大恐怖的幻象，其目的原本是保护人的人身安全，但人却往往会先被它反噬，表现为丧失行动力，完全臣服于恐惧，不再想着好好地发展自己。

但行为实验法告诉我们，很多我们担心的事情其实不会发生。比如，害怕黑暗的人，在十分熟悉且安全的家中闭着眼睛洗头时，大脑会自发播放恐怖的画面，或联想到各种可怕的后果，让人不敢长时间闭眼，但是在睁开眼睛后又会发现面前什么都没有，那些恐怖的画面只是头脑欺骗自己的把戏而已。

下面我们一起看看小华是如何用行为实验法来战胜恐惧，成功拿

到超过他预期的offer（录用通知）的。

　　拥有五年工作经验的小华在被上一家公司辞退后，彻底失去了工作的信心。当同行前辈给他推荐一个充满挑战性的岗位时，他因为怕自己无法胜任，而对前去应聘充满了恐惧。纠结过后，他决定还是去找一份没什么挑战性的工作，这样起码不会给自己带来太大压力。前辈知道后一面否定了他的想法，一面给他介绍了一种消除恐惧的方法——行为实验法，并告诉他，挑战其实并没有那么可怕。

　　在得到前辈的鼓励和帮助后，小华运用前辈介绍的方法直面恐惧。首先，他找到了自己产生恐惧情绪的原因：担心履历平平，面试时会被嘲笑不自量力；担心自己的能力与工作岗位不匹配，浪费自己和面试官的时间；更害怕万一面试通过后，在工作的过程中自己因能力不足又被辞退，这样自信心会更受打击，并且还会在履历上留下两次被辞退的经历。其次，他分析了可能面临的最坏结果，并想出了应对方法。最后，他鼓起勇气投递了简历。没想到面试官很快就约他面试，且在两轮面试后给他发了录用通知。就这样，他通过行为实验法获得了他原本想都不敢想的工作机会。

　　这让小华激动不已。之后，小华继续在工作中运用行为实验法，不仅通过了试用期，还圆满完成了业绩目标，让领导和老板都十分满意。

　　从上述案例中我们可以看到行为实验法对消除恐惧的巨大作用。总的来说，通过行为实验法来消除恐惧主要有以下四个步骤。

第一步，将心中所害怕的问题罗列出来。这样做之后，心中的恐惧就会消散许多。

第二步，模拟恐惧的情境，写出恐惧可能会带来的直接后果，并找到应对这种后果的方法，减轻自己内心的压力。

第三步，用行动来验证害怕的事情是否会发生。直接行动起来，会发现很多恐惧都源于想象，根本就不会发生，纯粹是我们自己吓唬自己。

第四步，当我们发现大脑具有欺骗性后，试着将这个发现运用到我们所遇到的其他事情中。而当大脑的这种欺骗性被我们反复验证后，我们就能笃定地告诉自己：任何事情都没有我们想象中那样恐怖，只要展开行动，我们就能收获成功，从而积极地面对未来和人生。

[小贴士]

源于想象的恐惧常常极具迷惑性，但当我们鼓足勇气直面恐惧时，会发现很多之前我们所设想的可怕的后果根本不会产生。那么就让我们从现在开始，化恐惧为勇气，化想象为行动，用行为实验法来改变我们的认知与行为模式，迎接充满希望的未来。

转化恐惧情绪，释放潜能

很多人提起恐惧，就会下意识地想到不好的事情，接着会逃避或者抗拒。其实恐惧并不是洪水猛兽，它只是人类正常情绪中的一种，和喜、怒、哀、乐一样，与人们的日常生活紧密相连。它不仅能够帮助人们避开危险的事物，还能约束人们的言行，让人们对生命保持敬畏之心，同时能在危险中激发潜能，超越自我。

恐惧是一种不能被完全消除的心理能量。但如果长期被恐惧的情绪所笼罩，人们会无法发挥潜能，从而在事业上毫无建树。故而，面对恐惧，我们不能置之不理。此时，我们可以通过以下步骤来化解恐惧，释放潜能。

第一步，分清哪些恐惧情绪能对人身安全起到保护作用，哪些是源自想象的。这就需要人们很了解自己，对自己有一个全面的认知，接纳自己的恐惧，并重新认识它，看看我们所恐惧的对象是真能伤害我们的危险事物或我们无法战胜的困难，还是只是我们的头脑发出的错误信号。

第二步，拆分害怕的事情。将害怕的事情拆分成一件件能解决的小事，这样不仅能降低心理压力，还能在逐步解决问题的过程中找回自信和勇气。

第三步，增强内心的能量，由内而外打破僵局。不敢面对恐惧的根本原因是内心能量不足，认为恐惧比自己更强大，只要一面对恐惧就会难受、心慌，所以才会下意识地退缩。这种情况就需要我们进行自我提升，修炼出强大的内心。我们可以通过看一些心理学、哲学类的图书来提升自己的内在能量，让自己敢于面对恐惧。

如果发现害怕的事情确实难以解决，还可以向外界寻求帮助，例如寻找心理咨询师为自己排忧解惑，纠正认知误区，或者向行业前辈请教和学习。须知一个人的力量终归有限，在必要的时候适当地寻求帮助可以让我们更好地前行。

第四步，能力越强，害怕的东西越少，这是无法辩驳的事实。如果一个人的专业能力太弱，掌握的技能太少，在面对任务或目标时，就会感到难以胜任，恐惧感也会油然而生。人们的能力越强，会的东西越多，也就越有自信和勇气，从而更加愿意接受挑战。而战胜的困难越多，我们所能获得的能量也会越多，我们也就越有心力去面对更多更复杂的事情。

第五步，接纳最坏的情况并找到应对方法。越不接纳恐惧，就会越恐惧。因此，面对恐惧时，我们首先要学会接纳，然后将最坏的结果写出来，并询问自己："我能接受这个最坏的结果吗？我愿意为此负起责任吗？万一失败了，我又可以怎样应对？"在想清楚这些问题后，就会发现原本害怕的事情并不是那么可怕，无论什么事情，都有相应的解决办法。

第六步，用长远的眼光来看待恐惧。比如，思考一下这些问题：五年后、十年后的自己分别是什么状态？那时候的自己会如何看待当下的困难？是否会认为现在害怕的事只是一件不足挂齿的小事，是鼓起勇气就能战胜的纸老虎？当用长远的眼光来看待恐惧，我们就会发现它不值一提，我们有足够的力量去战胜它。

其实，恐惧并没有想象中那么可怕，我们应以平常心看待。当内心的恐惧来临时，试着用上述科学的方法将它化解，让我们释放出潜能，重新变得优秀和充满能量，拥抱美好的人生。

[**小贴士**]

勇敢地面对恐惧，才能激发出我们最大的潜能。我们如果一直逃避害怕的事情，那么就会一直被恐惧所笼罩，导致潜能无法发挥出来。但如果我们能直面恐惧，并通过一定的方法化解恐惧，那么我们就能最大限度地释放出我们的潜能，从而成就辉煌的事业。

化解恐惧的小妙招

在生活中，我们都会经历一些令自己感到恐惧的事情，如害怕未来过得不好、不敢上台发言、担心任务完不成等。而一旦被恐惧的念头束缚住了头脑，在遇到事情时人们就会想着逃避，不敢去面对，更不知道如何去解决。

因此，我们要想办法化解恐惧，让我们在遇到困难时不再想着逃避，懂得如何去解决。下面是一些化解恐惧的小妙招，掌握了它们，我们就能学会用科学的方法去应对恐惧。

1. 深度呼吸法

当内心感到恐惧时，先做几次深呼吸，然后迅速将注意力拉回当下，再去正确地看待令自己恐惧的事情。由于很多令我们感到恐惧的事情还未发生，因此运用深度呼吸法，能够让我们用最快的速度将思绪拉回当下，令自己恢复理智，然后更有智慧地去应对问题。

2. 系统脱敏法

在心理学中，系统脱敏法是指让人缓慢地暴露在令其感到恐惧的情境中，然后通过心理的放松状态来对抗恐惧，以达到消除恐惧的目的。此方法让我们在保持安全距离的前提下逐渐靠近我们所恐惧的事物，在逐渐适应后，我们就不会那么害怕了。例如，帮助一个怕黑的人战胜黑暗，可以先将房间里的灯关闭五秒后再打开，让他知道即使在黑暗里待了五秒，仍然是安全的；接着逐步延长关灯的时间，让他逐渐适应黑暗的环境。

3. 聚焦目标法

（1）紧盯目标。人们容易被可能出现的障碍、困难吓倒，从而限制自己的行动，这是因为我们将关注的焦点放在了恐惧的场景和严重后果上。如果我们将注意力转移到制定的目标上，那么我们就会被激发出极大的自信和勇气，从而更积极地面对问题。

（2）目标拆解。很多人总会在制定目标后产生胆怯、退缩的心理，导致什么事情都做不成。之所以如此，是因为人们在面对一项时间跨度长的重大任务时，往往缺乏耐心和信心，这个时候，对目标进行拆解就显得尤为重要。

可以先将目标划分为长期目标、中期目标、短期目标，然后从短期目标开始一个一个地完成。如果感觉短期目标还是太大，那么可以继续拆解，直至能够轻松地将短期目标完成，然后再完成中期目标、长期目标。在完成目标的过程中，需要时刻保持耐心，切记一步跨不到天边，必须脚踏实地、一步步去完成才能获得好的结果。

4. 重新定义失败法

常言道："失败乃成功之母。"爱迪生经历了上千次的失败后才发明了电灯，为后世的人们带来了光明。他经历了上千次失败却始终没有放弃，除了因为他心中那个不可动摇的为人类带来光明的坚定的目标外，还因为他对失败的独特定义——将失败当作成功的垫脚石。由此，我们得到启发：在日常生活中，我们要积极地定义失败，它并不是丢人、可耻的事情，而是总结经验、完成目标的基石。

5. 增强力量法

恐惧是一种面对危险时所产生的心理防御机制，而体弱、体虚的人更容易对外界产生不安、紧张等心理反应。因此，定期锻炼身体、强健体魄可以让我们变得更有力量和胆识，同时也会让我们的耐力和毅力增强。这样，在遇到问题时，我们就会更有力量和胆魄去面对，哪怕事情再棘手，我们也有足够的耐力和毅力去完成。

如果我们能够掌握化解恐惧的方法，不被恐惧消耗身心能量，那么我们就更有精力去专注地做应该做的事情，而不是被恐惧支配。

> **[小贴士]**
>
> 　　长期生活在恐惧中的人,其大脑得不到充分的休息,所以会出现精神萎靡的情况。这种状态持续时间过长,易导致人的记忆力、感知力、思维能力等衰退,从而失去对事物正确的分析力和判断力。

心理学课堂——"蛇桥"故事的启示

关于恐惧心理,流传着这样一个有趣的故事。

一位心理学家将自己的一群学生带到一个灯光昏暗的屋子里,在他的指引下,不明所以的学生们缓慢有序地走过一座窄桥。正当学生们疑惑时,他打开灯兴奋地说道:"同学们,你们刚刚走过的可不是一座普通的桥,而是通向勇气的桥。"

学生们纷纷朝着窄桥看去,惊讶地发现桥下的水池中爬行着许多体形巨大的毒蛇。只见这些毒蛇此刻正高昂着头颅,吐着红色的信子,一动不动地望着他们。这场景把学生们吓得顿时出了一身冷汗,大家不约而同地往后退了一步,实在不敢想象刚才若是不小心掉下桥去,将是怎样的恐怖景象。

在学生们都还惊魂未定之际,心理学家笑眯眯地询问:"还有哪位同学愿意再次通过这座勇气之桥,做真正的勇士呢?"一群学生面面相觑,谁都不想再次尝试。

接下来，心理学家又打开了另一盏灯，他指着防护网劝道："真的没有勇士愿意尝试吗？这下面有一层防护网，更何况你们刚刚都已经通过了，它是安全的。"

但学生们仍然不敢过桥。

这个故事说明，生活中的很多困难其实并不可怕，人们在产生恐惧心理之前，可能很快就能把它解决。但是当人们在心中预设了一个恐怖的场景后，再面对困难就如同面对一座下面有毒蛇的大桥，会方寸大乱，完全没有了解决困难、跨越困境的勇气。

由此可以看出，很多时候打败人们的并不是困难本身，而是面对困难时产生的恐惧。只有掌握化解恐惧的方法，方能正确看待并解决问题。

第五章

深呼吸，缓解焦虑

为何焦虑总是如影随形

现代社会竞争激烈，不管是教育环境还是职场环境，都越来越"卷"，仿佛一停下来就会被别人远远地甩在身后。在各种担忧和压力之下，人们内心的焦虑也越来越严重，仿佛不做出点儿成绩就不能停下来休息。

原本可以按照计划完成的事情，在焦虑情绪的影响下自己变得无力应对。眼看着自己因为焦虑而停滞不前，焦虑情绪又会因此加剧。

从心理学角度来讲，焦虑只是人们面对压力、威胁以及没有把握的事情时所产生的负面情绪。比如担心考不上好学校、找不到好工作，或者担心失业、贷款断供等。

偶尔的焦虑是正常的情绪流动，不用放在心上，只有当它影响到我们的正常生活和工作时，我们才需要重视。想要判断焦虑是否对自己产生负面影响，可以看看自己是否有以下症状。

（1）对外界的声音十分敏感，容易曲解别人的意思。面对别人的夸赞，会怀疑对方不够真心，只是虚伪、客套；容易将别人的建议当作批评，听到不符合自己想法的言论就会下意识地"关闭"耳朵，生怕自己被中伤；受到批评会感觉自己整个人都被质疑、被否定，感觉很受伤，开始怀疑自己。

（2）喜欢夸大负面情绪，降低正面的感知力。容易将在一件事情上的失败夸大为整个人的失败。面对做得比较成功的事情，就只会认为是自己运气好，并不相信自己有成事的能力。久而久之，就会在主观意识中认为自己一无是处，遇到的事情也全是坏事，正面情绪的感知力极弱。

（3）情绪经常波动，内心难以平静。总是处在高度警觉、神经紧绷的状态中，外界的一点儿风吹草动都会联想到自己，很怕不好的事情会发生在自己身上。内心的情绪经常被搅动，难以平静地生活和工作，然后不顺的事情越来越多，人也越发不安和焦虑。

（4）看事情太过绝对，存在非黑即白的思维。喜欢用两种截然不同的标准去评判事物，难以接受中间地带的存在。例如：被朋友背叛过，就发誓再也不相信友情；跟人意见不合，永远认为自己的是对的，不接受他人的不同看法。

（5）缺乏安全感，认为没有人会爱自己。十分缺爱，不会自己爱自己，希望从外界寻找关注和爱护。又因为内心没有安全感，因此总是以怀疑的眼光来看待周围的人和世界。即使有人对自己好，也会认为这种好是虚假的或者短暂的。久而久之，就会得出没人爱自己的结论，内心越发惶恐、焦虑。

如果出现上述症状，就表明焦虑已经对我们造成了不小的负面影响。

在出现焦虑后，如果不注意调节，那么焦虑症状可能会越来越重，从而给我们的各方面带来严重后果。

（1）失眠、精神不济。长期的焦虑会让人的内心难以保持平静，哪怕害怕的事情没有到来，自己也会紧张不已，从而导致失眠、精神不济，没有精力去处理任何事情，使得原本担忧的事情也真正变成了坏事，然后陷入"越焦虑越不顺，越不顺越焦虑"的怪圈。

（2）影响身体健康。人如果长期处于紧张状态中，会出现呼吸急促、血压升高等症状。长此以往，身体机能变差，患病风险增加。

（3）感觉人生没有意义。经常联想到不好的事情，即使当下平安无虞，也会忍不住想到"万一失败了怎么办？万一不好的事情发生了怎么办？"，然后产生紧张和焦虑心理。久而久之，头脑被各种可能发生的糟心事占据，使焦虑加剧，工作和生活因此而一团糟，看不到生活的希望，感觉人生没有意义。

（4）将焦虑传染给周围的人。快乐的人会传递快乐，恐惧的人会传递恐惧，焦虑的人也会把焦虑传递给身边的人。

可见，焦虑对我们的身心伤害很大，它不仅能消耗掉我们的内驱力，消磨掉我们的意志力，还会让我们变得没有自信，行动力变弱。而想要消除焦虑，就要做到放松自己的内心，多培养自己的钝感力，保持情绪稳定，要积极乐观地考虑问题，等等。

有人曾说过："人类未雨绸缪、为未来忧虑的能力既是恩赐又是诅咒。恩赐是指所有防范性和准备性的行为，诅咒是指这种为未来而焦虑的天性会为我们带来压力。"如果我们能够正确地看待并处理好令我们担忧的事情，不积攒过多焦虑情绪，而让其处在一个正常的水平，那么焦虑就能成为未雨绸缪的工具，而非吞噬人心力、瓦解人意志的怪物。

[小贴士]

　　如果察觉到自己存在焦虑心理，不必惊慌，也不必过度担忧，须知这是人们普遍存在的心理健康问题，只要使用科学的方法，就能轻松化解焦虑，让它恢复到对我们有利的正常水平。

焦虑背后的心理学原理

焦虑是一种普遍存在的情绪，我们无需过度担忧或害怕，也不必谈之色变。我们只要以正确的心态和方法去面对和处理它，就一定能够战胜它，重新获得内心的宁静与平和。

从心理学角度而言，焦虑是如何形成的呢？其原理又是什么呢？这些问题或许可以从心理学的几大流派认为的焦虑的来源中找到答案。

1. 精神分析学派认为焦虑来源于内心的冲突

当心中有两个或两个以上的想法，又不知道如何决策时，人们就会产生焦虑心理。比如：一个人已经在自己熟悉的领域里取得了不错的成绩，但突然之间，一个全新的机会摆在他面前，它可能意味着更高的职位、更丰厚的收入，但也可能伴随着更大的压力和不确定性。这个人可能会陷入犹豫不决中，不知道是否应该放弃现有的稳定局面，去追求那个看似更美好的未来。再如：一个人明明已经很努力地完成了人生规划，过上了自己想要的生活，但是看到网络上很多人似乎都过得比自己好，或者身边某人年纪轻轻就实现了财富自由，自己就开始难受、焦虑，渴望过上和他们一样的生活。若做不到，内心就容易焦虑和浮躁。

2. 人本主义学派认为过度的焦虑是幼年缺爱导致的

人本主义学派通过研究发现，如果个体在幼年时从养育者那里得到了无条件的爱和耐心的教导，那么他的内心就会充满安全感，并且成年后他也会将正向的关爱给予自己和他人。这样的人往往内心温暖、坚定，不轻易被外界动摇，同时还拥有比较健康的社交圈，由内而外地持续收获正向反馈。

相反，那些幼年时期没有从养育者那里得到无条件的关爱的孩子，长大后会变得自卑、敏感和多疑。他们时常怀疑自己，内心不够坚定，而且总是期待从他人处得到关爱和价值感。此外，他们看待人和事的眼光也多是负面的，对自己的评价也是负面的，这使得他们经常处于焦虑、混乱和不安之中。

3. 行为主义学派认为焦虑是从过往经历或者他人经验中习得的

个体在刚出生时，并不知道焦虑是何物，只有在成长过程中经历了失败、挫折、打击等负面体验后，才会产生焦虑的情绪。

例如：初次学走路狠狠跌了一跤的人，再学习走路时就会本能地抗拒、焦虑；初次学习游泳就呛水的人，面对泳池时就会不自觉地产生焦虑。再如：有的家长对待自己孩子的学习原本可以保持平常心，但是他们看到其他家长给孩子报了各种兴趣班后，就开始焦虑起来，于是也有样学样地给自己孩子报了各种兴趣班，至于适不适合孩子，则不在考虑范围之内。

4. 认知心理学派认为焦虑来源于人们对于事物的认知

当判定某个事物会带来危险或者不在掌控之内时，人们就会天然地产生焦虑情绪。适当的焦虑会让人保持警惕，远离危险，做事更容易成功。而过度的焦虑则会放大人们对事物的错误认知，夸大事情的危险性和目标完成的困难程度，从而出现过度焦虑的行为。

人们该正确地认识焦虑，不能一有焦虑的感觉就恐慌，将自己判定为焦虑症患者。须知，焦虑只是人类自然情绪中的一种，是大脑在面对特定事情时的"战逃反应"，适度的焦虑对个体有保护作用，在一般情况下可以不用理会。

但当它影响到正常的生活和工作时，就要开始重视它，并通过一些方法去积极地调整，直到将焦虑程度调至正常范围内，不再影响生活和工作。

[**小贴士**]

　　研究发现，女性由于会经历生育、身材改变、身份转变等，往往对自己的评价过低，导致她们经常焦虑的概率比男性大很多。由此也可以看出，拥有健康的身体、良好的社交圈，以及在工作或者其他事情中寻找到个人价值是缓解焦虑的有效方法。

不完美，才完美

生活中有那么一部分人，对自己要求较高，做什么事情都喜欢追求完美，如果达不到心中的标准，就会产生焦虑情绪，继而对要做的事情选择逃避不做或者做到一半就放弃。其根本原因是他们希望获得他人的关注与认可，期待用做得完美来表现出自己的与众不同。

在一般情况下，追求完美代表对生活有更高的追求，也是一种对事情认真负责的好态度。但过于追求完美就是一种心理障碍，它会让我们不断地产生焦虑，总是认为自己做得还不够好，花费许多精力在一些不是很重要的细节上，耽误了其他重要环节的进程，这样反而容易把事情搞砸，阻碍个人发展。

有的人可能在某一方面追求完美，比如卫生、事业、爱情、待人接物等方面。过于追求完美，使得自己每时每刻都在为达到完美的标准而努力，一旦达不到，就开始焦虑；而越焦虑，离完美的标准就越远，从而导致更严重的焦虑。如此恶性循环，到最后，事情没做到完美，又让自己深陷焦虑的泥潭。可见，无论在工作还是在生活中，不能过于追求完美。接下来，我们一起来看看小明是如何破除完美主义的困扰的。

身为主管的小明不仅对自己要求苛刻，凡事力求完美，对待下属也是如此，工作差一点点都不行，必须做到百分之百达标，如果做不到，就是不及格。比如，前期准备工作做不好，没达到标准就不开工，或者没有做到完美，就一遍遍地返工修改，最终导致项目进展缓慢，业绩只有别的组的一半。这让他十分疲惫和深受打击，他的下属更是苦不堪言，对他颇多抱怨。在多重打击下，他开始对自己产生怀疑，认为自己的能力不行，接着出现了严重的焦虑，导致工作上的表现越来越差。

小明进行了深刻的反思，他发现自己并不是能力不行，而是太过追求完美，没有抓大放小，导致浪费了很多时间和精力在一些无用的小事上，或者经常在很短的时间内想要做好所有事情，最终导致哪件事情都没做好。想明白问题的根源后，小明紧盯目标，不浪费时间和精力在无用的小事上，多在关键处下功夫，并规定哪项工作必须在多少时间内完成。同时，多去看自己和下属做得好的地方，而不是紧盯着没做好的地方。最后，在他的带领下，整个团队的办事效率提高了很多，业绩也完成得十分出色。

通过这个案例可以看出，很多时候人们做不好事情的原因并不是工作态度不好或能力不足，而是太过于追求完美，导致目标难以达成。接下来，我们就介绍几条破除完美主义的困扰的小妙招，供大家参考。

1. 接纳自己的不足

首先，认识到世界上并不存在什么完美的人和事，所有的人和事都是优、缺点并存。其次，正确地看待自己的不足，平静地接纳自己的不足，然后将焦点放在如何发挥优点、改善不足上，而不是直接要求做到完美。

须知对事情太过较真反而容易产生焦虑情绪，失去工作和生活的乐趣，还会给身边的人带来压力。

2. 先完成，后完美

时刻记住自己的目标是把事情做完，如果为了做到完美而耽误进度，或是因担心做不到完美而想退缩、放弃，就与自己的目标背道而驰了，反而得不偿失。正确的做事态度是先把事情完成，如果还有富余的时间再去考虑哪些地方需要完善，以让效果更好。

3. 设置完成时间，不要拖沓

给自己的目标做好时间规划，比如前期准备工作需要多长时间，目标完成的过程总共需要多长时间，各个环节又分别需要多长时间，最后收尾需要多长时间，等等。规划好时间后，严格执行。

4. 不被他人的看法左右

有些人十分在意他人的看法，极力想把事情做到最好，以赢得别人的关注和赞美。这样做是没有自我的表现，而且会让自己活得很累。正确的做法是，不受他人看法的影响，按照自己的想法，专心地将事情做好。

5. 放下严格的自我批判，多肯定自己

一些人总是忽视自己的长处，严苛地盯着自己做得不够好的地方，对自己有太多的批判，让自己变得自卑。正确的做法是马上放下对自我的挑剔，多看自己的长处，多多鼓励、肯定自己，让自己充满自信地做好自己想做的所有事情。

6. 勇于犯错，接受自己的失败

培养自己勇于犯错的勇气，允许自己失败，坦然接受自己的失败。这样做之后会发现，自己的人生反而变得轻松、高效了许多。

林语堂在《人生不过如此》中写道："不完美，才是最完美的人生。"

过于坚持完美主义，非但不会将事情做得完美，反而容易拖慢进度，让人陷入焦虑、不安之中。而允许自己存在一定的失误、瑕疵，轻装上阵，反而更容易把事情做好，也更容易趋近完美。

> **[小贴士]**
>
> 当追求完美成为一种习惯,就会让人对不完美产生强烈的焦虑和不安,强迫自己持续完美,长此以往就可能会变成人格障碍。我们要摆脱对完美的过度追求,才能拥有健康、积极的心态。

不妨先从小事做起

很多人在遇到繁杂的事情时，相信第一反应都是焦虑、逃避，不知从何入手。仿佛每件事都急，每件事都重要。结果在纠结和犹豫中，让事情越积越多，越积越难处理，同时焦虑也会越来越严重。

其实遇到这种情况，最重要的是保持头脑冷静，先从小事做起。先做好力所能及的小事，让自己的心安定下来。然后按照事情的轻重缓急去做。通过这样的方法，将原来纷繁复杂的事情变得有条理，让自己充满信心地去面对这些要做的事情，不再焦虑。下面我们就来看一下小张是如何将繁杂的事务捋顺，同时也让自己的情绪由焦虑、逃避转化为积极和平静的。

最近小张感觉自己的事情极多，不仅要写毕业论文，还要备考公务员，因为担心考不上公务员，所以还要投递简历，找工作。不论是哪件事情，似乎都很着急、很重要。就这样在重重压力之下，他非常焦虑，几近崩溃，搞得他哪件事都不想做，哪件事都让他感到无力和厌恶，只想逃避。

这种焦虑的状态太难受了，他忍不住跟朋友倾诉。朋友听后建议他先把所有让他焦虑的事情列出来，再将它们分成一件件小事，然后贴上十分紧急、次要紧急的标签。这些事情做完后，就先从最紧急的小事做起，直至有条不紊地做完所有事情。

小张按照朋友的指点，将写论文和找工作列为十分紧急事件，将还有准备时间的考公务员列为次要紧急事件。还进一步将写论文分为查找资料、撰写论文、检查修改三个小步骤，找工作则分为制作简历并投递、参加面试、挑选入职三个环节。对事情进行了这样的划分后，他就先从查找资料和制作简历这样的小事开始做起，剩下的事情就按照计划一件件去完成，最终这几件事都圆满地完成，而小张也早已从焦虑的状态中摆脱了出来，变得自信满满。

由此可见，令人焦虑的往往不是事情多，而是事情多又没有头绪。从上面这个案例中我们可以学习如何将繁杂的事情变得有条理、方便处理。大致有以下几步。

第一步，先将让人焦虑的事情列出来，只有清楚地知道自己到底在为什么感到焦虑，才能找到针对性的解决方案。

第二步，给这些事情按照轻重缓急的程度贴上标签，看哪些是当前必须做的，哪些是稍后必须做的，哪些还有时间，可以放在以后做。

第三步，将事情按轻重缓急的程度划分好后，再将每件事分成一件件小事。比如，写论文第一步是查找资料，接着根据所查找的资料写出论文。

第三步看起来简单，做起来却有一定的困难。因为人们总想一步到位、做成大事，却很容易忽视或看轻这类小事。

但真实的情况是，很多人的成功往往离不开这类微不足道的事，因为小事完成得好能让人们获得成就感，从而激发人们的行动力和积极性，让人获得完成目标的动力和信心。

你如果正在为繁杂的琐事而感到焦虑，欠缺行动力，那么不妨先从不起眼的小事做起。俗话说："千里之行，始于足下。"要想成功，需要先勇敢地迈出第一步。

[小贴士]

小事虽小，却是做好大事的基础。在面对头绪多又繁杂的一件件大事时，与其因不知如何入手而焦虑，不如先从小处着眼，将小事做好，然后循序渐进，做好每一件大事。

摆脱焦虑，找回松弛感

如同渴了就喝水，困了就睡觉一样，身心疲惫的时候，人们也想要寻找能让自己放松的角落歇息一下。但是生活中有这样一些人——他们渴了忘记喝水，困了睡不着觉，累了依然忙个不停，似乎失去了休息和放松的能力。

即使他们强迫自己放下工作去玩乐，大脑也依然想着工作上的事情，内心甚至比工作时更加焦虑，担心工作进度，惦记还没有完成的事情……他们神经紧绷、神情焦虑，没有一刻放松的时间，这让他们忍不住在心里发问：自己到底多久没有好好放松过了？自己的松弛感到底哪里去了？

根据中国科学院心理研究所发布的报告：18~34岁的人的焦虑平均水平普遍高于其他年龄段的成年人的。这是因为，这个年龄段的人们正背负着学业、就业、房贷、车贷、婚恋等易致人产生焦虑的巨大的压力。如果找不到缓解焦虑、让内心放松的办法，人就很容易出现心理健康问题。接下来给大家介绍几种摆脱焦虑、找回松弛感的方法，希望对大家有用。

1. 深呼吸法

人在紧张、焦虑时，会出现呼吸短促、血压升高、心跳加快等症状，因此在平时我们应极力保持心情放松、平静。如果不可避免地出现了紧张、焦虑的情绪，我们可以通过深呼吸法来让自己放松下来。深呼吸可以让呼吸变慢，让大脑等各器官获得足够的氧气，从而放松身心，缓减紧张和焦虑。

2. 认清自己的目标，认可自己的努力

一般来说，当目标清晰时，人们就会尽力去实现它，即使结果并不让人满意，也会享受奋力拼搏的过程，认可自己的努力。如果人们不知道自己的目标是什么，认不清自己的目标，那么就会缺乏拼搏的动力，不认可自己的努力。

3. 放下无用社交，多做能提升自己的事情

当今人们的生活本就繁忙，如果业余时间还要应付无用的社交，那么只会让人更加疲惫。可以从现在开始拒绝不能带给自己快乐、放松的无用社交，腾出时间来安静地学习，或参加有意义的读书会，或亲近大自然，等等，多做能够让自己获得提升、让心灵变美的事情。

4. 培养好好睡觉的能力

睡眠不好，容易影响人的状态，让人出现紧张、焦虑的情绪。因此，可以学习一些能够快速入睡的方法，以让人拥有好状态；可以尝试早起早睡，先定好闹钟，按时早起，按时早睡；可以睡前泡脚，促进血液循环，加速入睡；等等。

5. 允许自己焦虑，合理释放情绪

人只有在焦虑到一定程度时，才会陷入情绪极度低落的状态，这个时候，我们想办法减轻焦虑是必须做的事情。但是，偶尔出现轻微的焦虑反而是一种情绪的合理释放，我们应该允许它的存在。因为在这种焦虑情绪的影响下，我们反而能把事情做得更好、更快。

6. 森田疗法，带着焦虑去生活

森田疗法是由日本精神病学家森田正马博士提出的，其原理是当人们越关注自己的焦虑情绪时，焦虑反而会被放大，而如果不把它放在心上，也许某天会发现焦虑已控制在正常范围内了。森田疗法秉持着"顺其自然"的治疗理念，主张不把问题当回事儿，带着焦虑去生活。但如果焦虑情绪已严重影响学习和工作，那么就需要寻找专业的心理医生进行干预了。

焦虑给人的感觉很不好，因此我们还是要活得轻松些，找到松弛感，让生活充满活力和幸福。

当然，松弛不意味着放下自己的目标和责任，而是合理地规划自己的人生目标，正确地对待自己肩上的责任，这样才会有效缓解焦虑，张弛有度、有条不紊地工作和生活。

[**小贴士**]

一些脑科学和神经科学的研究表明，人们在放松时更容易产生创意和灵感。毕竟人们焦虑的时候，脑海里想的都是可能发生的不好的事情，和灵感、创意不搭边。因此，人们只有放下焦虑，以轻松、松弛的心态面对生活和工作，才能连接到本来就拥有的智慧。

心理学课堂——接纳与承诺治疗法

接纳与承诺治疗法是由美国心理学家斯蒂文·海斯教授及其同事提出的一种心理疗法，它不仅针对心理问题的具体认知内容进行矫正，而且寻求更宽广、更灵活、更有效的应对方式，鼓励人们接纳自己的情绪，提高心理灵活性，不被各种心理问题拉扯。

都知道问题出现了就要解决，但却很少有人想过问题出现后的第一步是接纳。关于此有一个故事：一个人被箭射伤后，身体感觉到疼痛，但他的第一反应不是去处理伤口，而是到处去找射箭的人，想要找其算账，但没有找到，于是他就开始破口大骂，不惜为此耽误最佳的治疗时间，眼看着伤口溃烂。在这个故事中，这个人等于是被射中了两次，第一次是那支有形的箭，第二次便是"不接纳"这支无形的箭。而正是后者导致他伤势加重。

由此可见，不接纳不仅让人心苦，还会让人忘记本该紧急处理的问题，纠缠于痛苦的情绪之中，耽误正事。以下是接纳与承诺治疗法的具体运用技巧，希望可以帮助大家缓解焦虑情绪，愉快平静地生活。

1. 自我接纳

接纳不是"摆烂"，而是让自己回归当下，不带批评地接受现实，包括所产生的负面感受和情绪。不抗拒，不逃避，不控制，而是顺其自然。

自我接纳后，要时刻问自己：为何只愿体会喜悦、快乐等正面情绪，而抗拒难过、焦虑等负面情绪？须知喜怒哀乐是人生常态，如果人们的生活中全是快乐、幸福等正面感受，那么人们也就不知道什么是快乐和幸福了，因为没有了痛苦和悲伤。

2. 聚焦问题，关注当下

时刻觉知，不跟着情绪走，聚焦当下的问题，然后正确地处理它们。

3. 观察和记录

在运用自我接纳等方法调整后，不要忘记观察、记录下自己的感受和状态，让自己见证自己逐渐向好的改变，从而建立起积极的心态，帮助自己尽早摆脱焦虑。

4. 向自己承诺

在内心向自己郑重地承诺：一定要运用积极、正确的方法不断调整自己，持续让自己变得更好，远离焦虑。

第六章

别被自卑牵着鼻子走

自卑来自对卓越的追求

在心理学中，自卑又被称为"自卑感"，是个体在察觉到自己的不足、无能或缺陷后产生的消极心态。人们感到自卑时，往往会同时体验到羞愧、难堪、焦虑、不安等情绪，且容易低估和否定自己，从而习惯性逃避。

"自卑"看起来并不是一个正面的词语，但在阿德勒心理学中，自卑却有着积极的意义。阿德勒认为，自卑源于人们对卓越感的追求，如果没有自卑感，人们就会安于现状，失去斗志和进取心。正是因为有了自卑心理，人们才不满足于当下，总想做点儿什么改变现状，来让自己变得更好。接下来我们可以通过一个案例来了解一下自卑感到底会给人带来什么。

小南因为家里贫穷而自卑。为了补偿心中这种难受的情绪，他选择更加努力地读书，几乎每次考试都排名第一，不仅赢得了老师的夸奖，还收获了同学们羡慕的目光。这让他感到自豪不已，继而更加努力地学习，追求学业上的卓越。

阿德勒曾在《儿童教育心理学》中写道："人的本性不能容忍永久的屈服，被贬低和被轻视的感觉、不安全感和自卑的情绪总会唤醒人们渴望达到更高目标的愿望，以此获得补偿和达到完美。"

这也充分表明了适当的自卑可以给人带来进取心，让人扬长避短、追求卓越，不过要把握自卑的度，不能让其转变为自卑情结。

因为需要长期保持优异的成绩来确保自己的卓越，所以小南的压力很大，每天除了看书学习，很少参与社交活动。偶尔的一次考试失误就会让他很难接受，他会十分严苛地批评自己，并开始担心下次如果考不好，被老师和同学怀疑或看不起怎么办。在这样的压力之下，他无法集中精力学习。接下来的几次考试中，也如他所担心的，确实都没有考好，这让他彻底崩溃，认为自己是个废物，他从此一蹶不振，开始逃避学习。

直到老师察觉到他的异常，跟他沟通并了解情况后，老师仅给他分享了自卑和自卑情结的概念，还告诉他贫穷不是缺陷，反而能给他带来拼搏的动力，让他好好学习，将来找份好工作，就能改善经济条件。

通过和老师沟通，小南知道了自己是因为自卑才变得奋发向上，而又因为过度自卑，形成自卑情结，对成绩产生了依赖。如果自己能调整心态，正确看待贫穷和偶尔的失误，那么就能让自己轻松地面对学习和考试。

随后，小南克服了心理障碍，做到了坦然地面对自己经济条件差和考试排名下降的事实,并对几次考试进行了经验总结,努力且理智地学习,希望成绩能越来越好。

由此可知,自卑对个体追求卓越有一定的帮助作用,但若控制不好,让自卑发展成了自卑情结,那么就会阻碍个体的发展。因此,我们要时刻体察自卑的情绪,不能任由其发展,变得对我们不利。

[小贴士]

自卑心理犹如一把双刃剑,既可能成为个人成长的绊脚石,也能化作催人奋进的强大动力。有些人勇敢地面对内心的自卑,通过不懈的努力挣脱其束缚;而有些人则在自卑的阴影下裹足不前,身心疲惫。因此,我们如何正确地理解和接纳这种心理,就显得尤为重要。

外界的声音都是对的吗

人们几乎每天都需要跟人打交道,听到外界的各种声音,有批评,有赞美,有真心,有假意。一般来说,人们都能正确处理这类的日常交流,让自己的生活保持平衡。但也有一小部分人不会正确应对这些外界的声音,让自己的情绪随着这些声音而改变和起伏,导致失去了自己的判断力和立场,使自己随着这些声音时而生气,时而自卑,等等。

其实外界的声音只代表了他人的意见或观点,有的甚至还带有某种目的性,我们不必太过当真,辩证地看待即可。说得对的,批评得对的,我们就听取;带有个人目的,不切实际的,我们置之不理即可。下面我们一起来看一个案例。

小航从小生活在一个高要求的家庭中,父母对他有着殷切的期望,希望他懂事成熟、学习成绩优异,但却忘了每个孩子的个性不同,成长的快慢也不同。当看见小航"应该"懂事却十分调皮,"应该"好好学习却不爱读书,"应该"如何如何却没有按照他们的标准来做时,他们就很生气,经常用"你没救了""这辈子都完了"这种话来打击、批评小航,导致小航极度自卑,不敢做一些挑战自我的事情,不相信自己能成功,更害怕万一失败会导致更大的打击,于是他干脆破罐子破摔,荒废学业。

可见,个体很容易认同身边人的声音,尤其是在自己还没有拥有判断力之时。而如果身边人的思维方式、人生阅历很有限,那么就会造成听者的认知也很局限和狭隘。正如案例中的小航会被父母错误引导一样,生活中也有很多人会认同外人错误的观点、错误的声音,扭曲自己的认知,让自己变得自卑,甚至因此毁掉自己大好的前程。

后来,小航慢慢长大,他所接触的人和所学到的知识也慢慢增多,这让他产生了许多新的想法,并意识到别人说的话不一定正确,哪怕这个人是他的父母。他开始反问自己:"当初父母说自己不懂事,自己就真的不懂事吗?父母说自己没救了就真的没有救了吗?他的人生要被'别人的声音'定义吗?"

反思过后,小航豁然开朗,觉得以前认同父母的想法的自己很无知、很可怜,但好在他认识到了问题所在,一切都还不算晚。现在的他不仅屏蔽了那些父母批判他的错误的声音,奋发努力,还学会了辨别外界的声音,只听客观的、有益的想法和意见,不听虚假的、偏执的、有害的声音。不再受外界声音影响的小航,自信心和专注力都得到了提升,最终考上了一所不错的大学,让原本已经放弃他的父母对他刮目相看。

从这个案例中可以看出,外界的声音并不一定都是对的,哪怕是亲近的人的声音,为此,我们需要通过一些方法来辩证地对待外界的声音。

(1)刻意观察、记录自己的优势和劣势,有自己的评价标准,不因外人几句话就自满或者自卑。

(2)明确自己的目标,知道自己未来要如何发展,不因别人的话而动摇决心、怀疑自己。

(3)听到一些对自己有影响的消息时,可以在心里问自己:"他说的是对的吗?如果他说得没错,那么这样的观点对我同样适用吗?就算这个观点对我也适用,但是对我的目标、发展以及我的优势的增强或劣势的弥补有帮助吗?"

在问完这些问题后,自己的内心就会清晰起来,也能够判断要不要认同这些观点。

总之,人要尽可能地提升自己的思维层次,学习辩证思维的能力,培养不一味地认同外界声音的勇气和智慧,如此才能拥抱真实的自己,让自己自信、积极地迎接未来。

[小贴士]

从众心理是个体在面对外界众多的声音或压力时,违背自己的观点和判断,跟随大众的言论或行为的心理模式。虽然随大流是一种看起来比较稳妥的选择,但也要认清自己的方向和目标,不能一味地从众,须知大家说的也不一定全是对的,还是要学会辨别外界的声音,尽量让自己保持独立,不被从众心理所左右。

你一直渴望自信，却总是批判自己

生活中有那么一部分人，明明想要变得自信、积极，却总是下意识地批判自己，认为自己这里不好，那里太糟糕，结果不仅没有变得更好，还与期望背道而驰。

对于一个本来就不自信的人来说，批判和打击只会让其变得更不自信，只有鼓励和肯定，才能培养自信。接下来，让我们通过一个案例看一下一个自卑的人是如何变得自信的。

从小就口吃的小川感到很自卑。他一遍遍地练习，期望像其他人一样正常地说话，却发现做不到，于是他更在心里骂自己"有病""无能"。这导致他更懦弱、更自卑，自信心也深受打击。他的生活完全陷入了被动。

对正常生活的渴望让他接受了专业矫正口吃的治疗。在治疗的过程中，医生不仅用科学的方法帮他做调整，还经常会在他有一点儿进步的时候就夸赞、鼓励他，并告诉他，要多给自己一点儿耐心，这样更有助于口吃的好转。小川听从了医生的话，积极配合治疗，口吃的毛病渐渐好了，整个人也变得更有自信。最后医生告诉他，治愈口吃最好的办法就是不把它当回事。

不再自卑的小川，即使偶尔还会口吃，也不会像以前那样随意地批判自己了，而是充分肯定自己取得的进步，真诚地鼓励和赞美自己。在他强大的自信面前，口吃这个小毛病又算得了什么？

小川的例子充分说明了自信的重要性，它告诉我们，遇到困难时，不要过多地自责，给自己贴上负面的标签，否则不仅解决不了问题，还会消磨我们的自信心，让我们变得自卑。

我们应该培养自我肯定、自我鼓励的能力，增强自己的心理能量，让自己充满自信地面对生活中的一切。

[小贴士]

如同口吃容易复发一样，由自卑变自信的人也有可能会再度自卑，尤其是遇到困难、遭遇挫败时。这时候就需要多给自己一些耐心，尽可能地多鼓励和肯定自己，不要批判自己，让自己多想想自己优秀的一面和长处，从而建立起自信。

皮格马利翁效应的现代应用

美国著名心理学家罗森塔尔等人曾做过一个实验：他们找到一所小学，并告诉校方他们可以根据学生名单推测出哪些学生将来会是成功者。随后他们从校方提供的学生名单中随机抽取了几个学生，并告诉校方，他们通过测试发现这几个学生的天赋很高，将来必定能取得很高的成就。

校方知道后开始让老师们重点关注和培养这些学生，以免抹杀了"天才"。而老师们得知自己竟然有幸教"天才"后，也纷纷欣喜不已，并对这几个学生寄予了深厚的期望，不仅在上课的时候给予他们更多的关注，还会在言行中无意地透露出他们十分优秀，将来会很有前途的"事实"。

一年后，罗森塔尔等人得知，那些被抽取出的学生的成绩普遍获得了提高，老师也给了他们极高的评价。校方还赞美罗森塔尔等人慧眼如炬，能从许多学生中挖掘出"天才"，并向他们询问这种发现人才的方法。罗森塔尔等人如实告诉校方，根本不存在什么天才测试，这几个学生都是被随机挑选出来的。他们能有现在的成功一方面是因为校方对他们的期待和重点培养，另一方面是因为他们在校方的重点培养和关注之下自信心增强，付出的努力增多，如此才有了一年后的"天才"。

校方听后恍然大悟，并立即对他们的教育理念做了调整，即尽量把所有学生都当"天才"来培养，给予他们鼓励和夸赞，不放弃任何一个学生。自此，该校的升学率有了很大的提升。

由此可以看出，暗示的力量有多强大。后来，人们把这种个体因受到他人心理暗示的影响，而变成他人所期望的样子的行为称为"皮格马利翁效应"，也称"罗森塔尔效应"。

皮格马利翁效应可以让人变得如期待中那样优秀，因此，我们可以得到启发：在日常生活中，遇到了困难或处于消极悲观的状态时，我们可以利用皮格马利翁效应，来不断给自己积极的心理暗示，从而让自己如我们所期望的那样走出困境，摆脱不好的情绪，重获新生。

[小贴士]

皮格马利翁效应不仅广泛运用于学校教育中，也被许多公司纳入企业管理体系中。当领导信任自己的员工，并积极鼓励他们时，他们也会更加努力、更加自信，从而创造出更多的价值。

自信是一种能力，也是一种选择

很多人都想变得积极、自信，但又容易被偶尔的失败给打击到，或是在面对困难时低估自己，高估困难，从而产生自卑心理，没有自信和勇气去战胜困难。

自卑的人思维方式多负面，对自我的评价过低，遇到不好的人或事都先怪自己，习惯过度反省和批评自己，时间长了，自己越来越自卑，越来越没自信，彻底失去对工作和生活的兴趣。

研究表明，自信并不是人天生的特质，而是一种可以后天培养的能力，也是人们可以自由选择的生活方式。在认清这一点后，我们在日常生活中就有意识地培养自己的自信心，选择自信、积极的生活方式，让自己拥有幸福美好的人生。

接下来我们就介绍几种培养自信的方法供大家参考。

（1）善用接纳的力量。我们要认识到自己和大部分人一样，都或多或少地存在一些缺点和不足，因此不必自卑，接纳自己的这些缺点即可。只有我们接纳了自己，外界才会接纳我们，我们与外界的相处也才会和谐。

（2）善用转念的力量。学会转念，认识到自卑是来自对优越感的追求，正是因为不安于现状，想要超越现状，才有了自卑心理。通过这样的认识，对自己的自卑心理表示充分的肯定和理解，并在此基础上，将原先的消极逃避转为积极探索，总结之前失败的经验，把其当作成功的基石，主动迎接生活的挑战，释放自己的潜能。

（3）通过做出积极的改变来重塑信心，让自己更有力量和勇气面对生活中的一切问题，不再埋怨自己或逃避现实。例如，当发现自己因为专业能力太差而得不到重用时，主动选择通过进修来提升自己的专业能力，或者向行业标杆学习经验和技巧，而不是再像以前那样自卑和逃避，做到"手中有技术，心中有底气"，用自信、积极的态度去面对生活。

（4）在积极做事的过程中，寻找内心平和且稳定的力量。"躺平"的人生虽然轻松，不变的生活虽然容易，但却彰显不出自己的价值和生活的意义。放下享乐思想和畏难情绪，为了自己想要的生活勇敢奋斗一把，虽然看起来有些累，但却会让我们变得充满自信，我们的人生也会变得丰富而有意义。

（5）要一步一个脚印地培养自己积极主动地面对和解决问题的能力，从细微的事中建立起自信的根基。同时，要对自己抱有万分的耐心，培养自己不骄不躁的做事态度，毕竟自信需要一步步地建立。最后，要时刻坚信"一分耕耘，一分收获"，也要有"天将降大任于是人也"的觉悟，因为自信的建立离不开正面的思维和大的格局意识。

总之，当我们通过一些方法培养出了自信的能力，并选择用一种自信、积极的态度去迎接新生活时，我们就会有一个幸福多彩的人生。

[小贴士]

自卑是世上摧折人心的一种情绪，使人在不安与彷徨中迷失方向。然而，拥有自信的人，他们的心灵犹如被明灯照亮，无论前路如何崎岖，挑战如何艰巨，都能生出无尽的勇气，勇往直前。

心理学课堂——将自卑情绪控制在合理范围内

阿德勒心理学认为:"在任何情况下,儿童和成年人都有一种难以避免的追求优越的强烈冲动。"而人们对于优越感和成功的追求又与自卑感息息相关。如果没有自卑感,就会失去追求成功的动力。

但是我们追求优越感的冲动越强烈,就越容易自卑。这不仅会让我们压力倍增,还会让我们变得不能接受失败的事实。一旦失败,我们就会彻底丧失行动力。

由此,我们明白合理的自卑情绪对追求优越感有一定的帮助作用,但超出正常范围的自卑感则会成为我们追求优越感的阻碍,甚至起到相反的作用。因此,我们要时刻注意调节自卑感与追求优越感的关系,将自卑情绪控制在合理范围内,让它对我们追求优越感起到正向作用。下面我们就看几种在追求优越感的过程中合理控制自卑感的方法,供大家参考使用。

首先,合理选择参照物。与他人对比后产生自卑或自满的情绪都是不可取的，一旦滋生过多的负面情绪，就会对自己的工作和生活产生极大的破坏。因此，在与他人进行对比时，我们要格外当心，尤其要合理地选择参照物，不可拿自己的短处和别人的长处比，以免产生挫败、自卑的心理，影响自己正常的工作和生活。

只有正确选择参照物，如跟过去的自己相比，跟处境类似但比自己优秀一些的人比，才能不让自己产生过多的自卑感，在合理的自卑情绪的驱动下更好地追求优越感，从而迎来更好的生活。

其次，接纳自己暂时或偶尔的失败。时刻记住自己的目标是变得优秀，而不是变得自卑或逃避现实，因此在遇到失败和困难时要及时调整心态，不过度自卑。然后总结经验，以更成熟的心态投入下一次的行动，去一步步地接近目标。

最后，细化自己的目标，不断积累"优越"的经验。过度自卑的时候要刻意制造让自己产生自信的经验，可以将制定的任务细化成一个个的小目标，一点点地解决，从而积累更多自信和积极做事的动力。

总之，应该好好利用自卑感所产生的促使人追求优越感的动力，时刻注意将自卑情绪控制在合理的范围内，让它始终都对我们追求优越感起到正向的助力作用。

第七章

专注于提升能力的人，
才是清醒的

专注于情绪的人在"内耗",专注于能力的人在提升

在生活中,有很多人都渴望成功,但往往事情还没有做多少,就产生了恐惧、自卑、焦虑等情绪,从而使得事情毫无进展。

其实情绪只是人们对外界事物的态度和对相应行为的反应,是偏向于个人主观感受的一种心理活动。即使面对同一事物,不同个体之间产生的情绪也不尽相同,表现为会因人的不同而将某种情绪无限放大或缩小。

人们如果耗在这种虚假的情绪体验中,一直跟自认为严重的心理问题做斗争,那么就会陷入无尽的"内耗"中,以致忘记了人生的目标,也找不到前进的方向。而只有将着力点放在能力上的人,才能获得多方面的提升。

当拥有了过硬的专业能力后,我们就不愁找不到合适的工作,拿不到相应的报酬,也不必担心过不上自己想要的生活。而过多的担忧

和害怕等负面情绪，只会阻碍我们走向优秀的步伐，使人"内耗"。因此，专注于心理"内耗"不如专注于能力的提升。那么，关于能力的提升，具体包括哪些方面的内容呢？

1. 提升专业能力

不仅学生需要提升学习能力来达到提高成绩的目的，职场人也需要提升业绩能力以使业绩达标。专注于各方面能力的提升，能够让我们持续获得自信和勇气。

2. 提升心理韧性

心理韧性是指从失败、挫折、不顺以及消极事件中恢复平常心的能力。它包括以下几项能力：

（1）复原力。复原力是指个体在失败、伤痛、受挫等打击下，能及时调整心态，让情绪迅速回归正常的能力。想要提升复原力，人们就要正确地看待生命中的挫折和磨难，勇于接受现实，并能够积极冷静地处理问题。

（2）坚毅力。坚毅力是指人们为了达到目标所迸发出的耐力和持久力。想要提升坚毅力，需要有清晰的目标和极度渴望完成目标的决心，勇于排除万难，不惧任何艰险地坚定地走下去。

（3）成长力。成长力是指将人生的各种经历当作养料，获得认知和行为方面进步的能力。成长力强的人，不因一时的成功就沾沾自喜，也不会因为一时的失败而自暴自弃。不管是顺境还是逆境，他们都能快速总结成长的经验，从而获取前进的力量。

面对人生的坎坷或困难，很少有人不被激起坏情绪。而当这些坏情绪来袭时，首先，我们要做的就是接纳它，明白坏情绪人人都会有，一般都属于正常现象。其次，学习一些自我调节的方法，来消除坏情绪。最后，专注于自己能力的提升，从专业技能到心理韧性，只有能力提升了，我们才能从容地应对生活和工作中的问题，不让自己陷在坏情绪中"内耗"下去。

[小贴士]

当我们不再将关注点放在自己的情绪上，不再因为坏情绪而"内耗"，而是将注意力放在各项能力的提升上时，我们就能获得全方位的提升，而我们的生活也将随之达到一个新的高度。

专业能力不够硬，怎能拥有更多话语权

在工作中，专业能力不够硬的话，往往就会处于弱势，说出的话没人听，提出的建议不被采纳，在各种集体活动中都没有话语权，等等，使得自己活得像个透明人。

随着工作节奏加快，工作压力变大，人们在做选择或听取意见时，为了节约时间和缩减成本，实现利益的最大化，往往都会倾向于选择专业能力过硬的人或他所说的建议。比如，钢琴十级和钢琴五级的人报名参加演奏项目，我们会选谁参加呢？再如，项目经验很足的人和没有参与过多少项目的人同时提出意见，我们通常又会倾向于采纳谁的呢？答案显而易见。

这足以说明，提升自己的专业能力非常重要。下面我们就来看一个案例。

小海是某公司策划部的一名员工，因为能力平平，一直是部门里

的边缘人物。某天，该公司有了一个新的任务：需要为新研发的产品制定一个合适的策划方案。而这个产品的方向正好是小海擅长的领域，所以他并不费力地提交了一个让领导和同事都觉得不错的方案。原本小海以为这次终于轮到他拿奖金了，但是最终评选时，领导和同事都将票投给了另一个方案同样不错，且屡屡写出好的策划方案的小刘的方案。

这让小海很不服气，认为两个人的方案都得到了大家的认可，甚至他认为自己做的方案比小刘做的更好，但就是因为小刘是部门里的业务精英，话语权高，就导致在投票时领导和同事一边倒地投给了小刘。这让小海很无奈，有些心灰意冷，甚至产生了放弃工作、逃避职场的想法。

其实职场中类似的事情并不少见，因为能力平平而在公司一直处于边缘和弱势地位，几乎没有话语权，即使偶尔一次超常发挥也改变不了局面。

经历了这次事件后的小海深深感受到了因专业能力弱而没有话语权的痛苦，这让他暗下苦功，学习那些拿过奖或者销量火爆的产品的策划方案的创作技巧，来提升自己的专业能力。最终，他抓住机会，策划了一个实现产品销量暴增的方案，获得了领导的青睐，此后他一鼓作气，又策划了好几个让产品销量快速增长的方案，受到了全公司的重视，同时也拥有了更多的话语权，再也不用担心方案好却得不到支持的问题了。

作家海伍德曾说过："对于一个能力强劲的人来说，无事不能为。"如果人们心中还有对未来的追求，还想在所在的环境中获得话语权，那么就要沉下心来精进自己的专业能力，让自己变得越来越有价值，越来越让人佩服。

[小贴士]

　　通常，拥有强大话语权的人要么拥有一定的权力，要么专业能力过硬。同时，人格魅力也是增强话语权的重要因素。一个具有人格魅力的人，往往能够吸引他人的关注和认同，使其话语更容易引起共鸣。因此，在追求话语权的过程中，我们不仅要追求权力和提升专业能力，还要重视自身的品德修养。

提升认知，才能提升人生格局

有的人眼光狭隘，不管遇到什么人或什么事都只注重眼前利益，不考虑会对自己以后的生活带来什么不利的后果，不顾及对他人的不好的影响；还有的人心胸狭隘，容不下别人的优秀，容不下别人无意间的小小的冒犯，常常在无关紧要的小事上计较，不惜为此浪费宝贵的时间和精力；等等。这样的思想和行为，用一句话来说就是没有格局，或格局太小。而格局小的根本原因，是认知不足。

我们生活中的很多不如意，皆是由于认知不足、格局狭隘。因此，我们要痛定思痛，想尽一切办法来提升我们的认知，打开我们的格局，让我们具备享受"高配人生"的思想意识条件。下面介绍一些提升认知、打开格局的方法，供大家参考。

1. 多读书，多学习，多思考，勇于打破思维限制

学习书中对自己有利的新思想，摈弃头脑中僵化的、对自己不利的思想，通过联想、质疑、举例、探究、比较、阐释等方式将所理解和吸收的新观念、新思想转化为自己的观点和思想，来逐渐提升自己的认知。

例如看哲学类的图书，可以思考自己对人生的定义是什么，自己想要达成什么样的目标，或者问问几十年后的自己会为什么事情而后悔，也许就能知道当下该如何做了；看心理学类的图书，可以更深入地认识自己，知道自己为什么会感到焦虑、想要逃避，学会消除坏情绪的方法；看各种方法类的工具书，可以学会一些应对生活中的难题的好方法。

俗语有云："活到老，学到老。"我们从学校毕业之际也预示着我们踏入了"社会大学"，如果想在社会上立足并过好的生活，就要不断地学习和思考，打破固有的思维限制，提升认知，打开格局。

2. 多出门，多交友，拓宽视野

俗话说"读万卷书，不如行万里路"。出去旅游，既能舒缓心情，又能长见识，是难得的提升认知和格局的好方式。

此外，多结交一些在认知方面与自己同水平或比自己认知水平高的朋友，就能从他们身上学到许多有用的东西，开阔眼界。例如，认识一些和自己水平相同的人，可以了解他们的思维方式并学习他们在面对不同事情时的不同的智慧；认识一些能力强、眼界高的朋友，学

习他们的心胸与格局，模仿他们为人处世的方式，相信有一天你也可以成为像他们那样的人。

3. 培养自己心胸宽广、宠辱不惊的品质

培养自己宽广的胸怀，不因小事而烦恼，不斤斤计较，不在无意义的事情上"内耗"；能经得起任何的坎坷和风雨，能容得下任何的人和事，用感恩和接纳的心对待所经历的一切。

无论取得任何成就，也无论受到任何委屈，都能以平常心待之，做到宠辱不惊。通过对这两个品质的培养，提升认知和格局。

4. 换位思考，目光长远，多做利他的事情

如果一个人总是跟身边的人相处不来，没有真心的朋友，这时候就要反思是不是自己平时太过计较，不懂得换位思考，不考虑他人的利益，只索取不付出。

这种自私的行为要不得，我们应该懂得换位思考，将目光放长远，多做有利于他人的事，维系和谐、友好的人际关系，这样才能结交到知心的朋友。

5. 要有冒险精神，多经历，多总结

人类的进化史就是一部人类的冒险史，正是因为有了冒险精神，人类社会才得以不断进步。因此，冒险精神对人类来说难能可贵，我们都应该拥有冒险精神。要敢于尝试新鲜事物，勇于试错，不畏惧挫折，这样才能提升抗挫折能力，使自己的内心强大，收获许多别人不

曾有的人生经历，对总结获得成功的方法也更有帮助。

当人的学识、眼界等提升后，人的认知和格局也会随之提升，进而激发人的潜能，让人更容易在事业上做出一番成就。

因此，如果我们还有想让自己变得更优秀的心，就要有打破思维局限，提升认知和格局的勇气，为我们做出更好的成绩、拥有更精彩的人生打好基础。

[小贴士]

如果人们的认知水平不高，看待事物的角度就会被局限，也更容易产生偏激、偏执的心理。只有提升认知，打开格局，我们才能拥有更宽广的心胸。

把人生当成游戏，一路闯关升级

　　不知道你有没有过这样的经历：上学时觉得学业难成、学习难熬，总想逃避上学，但是毕业之后，上学时的情景常常浮现，自己却已不再是学生的身份。或者你觉得工作压力太大，总是想着离职，但一转眼过了好几年。或者你在生活中遇到了什么坎坷，觉得天要塌了，自己快要坚持不下去了，但是过后你发现一切安好，自己不但坚持了很久，还坚持到了一切变好的时刻。

　　人生就如一场游戏，我们所经历的一切困难和考验，所获得的每一次成长，都是在闯关升级。

　　回过头看五年前，以现在的视角和阅历来看待之前发生的问题，就会发现当初觉得困难的事情只是小事一桩，当初害怕出现的失误不仅对现在造成不了太大的影响，还能帮自己做出更好的选择。

　　虽然认真、谨慎是美好的品质，但过于认真或谨慎，反而会让人觉得疲惫。因此，如果能将人生看作游戏，将生活中遇到的难题当作游戏中设置的关卡，而我们只需要以松弛的心态来面对，就能一路闯关升级，轻松实现人生目标，达到理想中的人生高度。

那么如何以玩游戏的态度看待生活和生活中的难题呢？这里提供以下几种思路作为参考。

1. 不偏执，不"内耗"

人在情绪低落、状态差的时候容易陷入偏执的思维中，觉得为什么自己遇到了这些问题，然后怨天尤人。岂不知这样只会加速"内耗"，让自己越来越没有心力解决问题。

如果转换成游戏思维，就会减少"内耗"。想想在玩游戏时，我们很少会为游戏里遇到的困难和关卡感到愤怒，因为我们知道这是设计好的游戏机制，不会因为自己抱怨几句就改变。而生活这场游戏也是如此，我们所遇到的困难就如同游戏中的关卡，只需要用心闯关，击败困难，我们就能顺利升级，而不必让自己陷入毫无意义的"内耗"中。

2. 多摸索，多反思，找到最佳升级方法

事实上，即使玩游戏也要讲究方式，许多高级玩家都在不断地研究攻略或探索游戏机制，由此才能一路升级，遥遥领先。同样，我们在玩人生这场游戏时，也要多学习别人的成功经验，多摸索，多反思，勤于总结经验，然后找到适合自己的最佳升级方法。

3. 舍弃无用的，保留有益的

正如游戏中仓库不够用时，就需要丢掉一些无用或意义不大的装备，生活中人们也需要舍弃一些过时或无用的认知、经验，以让自己有更大的空间来储存真正有益的事物。

4. 以玩游戏的心态对待人生

人们玩游戏的目的是变得开心或者解压，闯关升级也只是为了让这种开心的情绪得到最大限度的释放。同样，人们生活也是为了获得心灵的满足和快乐，不能本末倒置，遇到困难或不如意就逃避或负面情绪满满，我们应该像在游戏中一样，充满信心地去面对困难，困难被我们打败了，就等于过关，升级成功，我们的好心情和满足感就会更多。

可见，将人生当作游戏，以闯关升级的心态来面对生活中的难题，就能让我们缓解内心的压力，轻松面对，不必再负重前行。

[**小贴士**]

　　将人生当作一场游戏,是为了以好的心态去面对生活的难题,而不是让我们肆意妄为地游戏人生。因此,我们应该做到松弛有度,该认真对待的时候毫不含糊,该放松娱乐的时候不较真、不偏执。

心理学课堂——越有能力，越不会逃避

在生活中，有一些人不仅很会为人处世，工作能力也很出众，遇到任何事情都不会逃避，能够游刃有余地解决，仿佛没有什么事情能够难倒他们。这类人是大家羡慕、学习的榜样，他们能力强悍，遇事从不逃避，总是能够游刃有余地解决问题，在任何时候都是一副从容优雅的姿态。每个人都想变成像他们那样的人。

由此可见，人类要强，是情有可原的。因为能力不足或过于低估自己的能力时，我们会在生活中处处碰壁、狼狈不堪，遇事就想逃避，缺了那份应有的从容与优雅，不仅让我们丝毫感觉不到生活的乐趣，还让我们觉得自己很无能。

自信的人基本成功了一半。因为相信自己的人，做事积极主动，即使遇到挫折也会积极地寻求解决方法，渡过一个个难关，最终完成目标。而一个人是否有自信又取决于他是否有能力。当一个人实力强硬，心中自然有充足的底气去直面问题，然后从解决问题的经验中获

得更多的能力和自信。

我们都知道越有能力的人，身上优秀的品质越多。那么，能力强的人具备哪些优秀的品质呢？

（1）内心强大且自信。在遇到挫折的时候能很快地接受现实，迅速调整心态，相信自己能够很快地找到应对方法，甚至越挫越勇，视挑战为机遇。

（2）爱学习。能力强的人不仅做事积极，不逃避责任，学习能力也很强，面对疑难问题具备钻研精神，也更容易接受新思维和新知识，能力会像滚雪球一样越来越强。

（3）懂得时间管理，办事讲求效率。通常来说，能力强的人也具备很强的时间管理能力，明白在什么时间该做什么事，没有过多的负面情绪，专注于工作和能力提升上，做事效率很高。

（4）具备良好的沟通和表达能力。能力强的人通常也是优秀的沟通者和表达者。他们能够清晰、准确地传达自己的思想和观点，善于倾听他人的意见和建议，并能够用简洁明了的语言解释复杂的问题。这种能力使得他们在团队合作中和在领导岗位上都能够发挥出色。

（5）具备敏锐的洞察力。能力强的人通常具备敏锐的洞察力，能够发现问题的本质和潜在机会，并提出具有创意的解决方案。他们善于从不同角度思考问题，能够跳出固定思维的框架，寻找新的解决办法。这种能力使得他们在面对复杂问题时能够迅速找到解决方案，为团队和组织创造更大的价值。

（6）具有高度的责任心和敬业精神。能力强的人往往对自己的工作充满热情和责任感，能够全身心地投入工作中，尽心尽力地完成每一项任务。他们具备职业道德，能够在工作中保持专注和投入，为团队和组织的成功贡献自己的力量。

（7）具备高度的自我认知和反思能力。能力强的人往往能够清楚地认识自己的优点和缺点，并能够进行深入的反思和总结。他们善于从过去的经验和教训中汲取智慧，不断地提升自己的能力。这种自我认知和反思能力使得他们在面对挑战和困难时能够更加清晰地认识自己，找到提升自己的方向和方法。

能力强的人优点多多：遇事不逃避，勇于正视问题和解决问题，同时专注于自己能力的提升，让自己越来越优秀。我们应该向他们学习。

第八章

最好的疗愈,是呵护自己的心灵

自由书写，自然输出头脑里的念头

人们遇到事情时容易心烦意乱，往往是因为控制不了自己的情绪，或是因为事情太多，感觉像面对着一团乱麻，不知从何处下手。

这时如果能够将乱麻解开，事情就会变得清晰，烦乱感也会消失，我们就能够冷静地处理问题。想要达到这个目标，可以尝试自由书写，让头脑里的念头自然酝酿，从而助力我们找到解决问题的方法。自由书写看似随性，但也有其固定的操作步骤，我们可以尝试着这样做。

首先，需要放下手中的工作，找一个不被打扰的静谧空间，以保证书写的自由和真实性。

其次，设定一个10~30分钟的限制，其间尽量让自己多一些耐心。

再次，拿出纸和笔，记录头脑里产生的各种情绪和想法。不需要逻辑，不必考虑是否荒谬或是否有意义，不必担心暴露自己的脆弱和隐私，更不要对自己的念头进行评判。只需要一刻不停地快速书写，且尽量不要中断，不给大脑思考的时间，想到什么就写什么。如果实在想不到写什么，可以写出对过去事情的看法、对当下处境的感受以及对未来的规划。

最后，当自由书写完毕，就可以对自己记录的东西挑挑拣拣，看哪些是有用的，哪些是无意义的胡思乱想，做好取舍。

当这一切都完成的时候，我们就能平复自己的情绪，找到解决问题的方法，原本压在心中的石头也会随之落地。

[小贴士]

你如果正处于无助、焦虑中，想要逃避问题，不妨尝试自由书写，与头脑中的念头来一场近距离的对话，对纷杂的思绪进行一次大整理。

冥想放空，给大脑放一个假

相信很多人都经历过，明明是去旅游放松，但是不管是坐在飞机上，住在酒店里，还是外出看风景，都无法沉浸其中，脑子里总是无意识地想着什么，或许是懊悔，或许是担心，总之头脑总是高速运转着，一刻都不能停歇。

人们总以为自己对大脑的掌控力很强，可以想放松就放松，想停止思考就停止思考，但最终发现当大脑胡思乱想时，自己不但无能为力，反而还会被大脑中的念头裹挟着陷入负面情绪中。

埃克哈特·托利曾在《当下的力量》中写道："不能停止思考是一个可怕的烦恼，由于几乎每一个人都遭受着此种痛苦，而我们又无法意识到这一点，所以这就成了一件很正常的事情。"这也说明当下很多人其实根本没有察觉到自己控制不了大脑，反而被大脑所控制。

想要打破这一局面，就要意识到大脑需要适当休息，不能反复回想那些已经出现过多次的念头和画面。可以通过冥想的方法来实现。

如果静下来观察一下，就会发现大脑总是一刻不停地在运转，即使睡着了也会工作（做梦），真正能进入深度睡眠（获得休息）的时间很短。所以我们每隔一段时间就要通过冥想的方式来放空大脑，让它进入"关机"状态，以获得充分的休息。下面介绍一下冥想的方法和步骤。

1. 选择一个合适的时间和空间

选择一个空闲的时间和安静、舒适的空间，保证不会被人打扰。你如果自己一个人静不下心，也可以找一些小伙伴一起练习冥想，相互鼓励。

最初几次的冥想，在开始前先给自己定一个闹钟，以此安抚自己的情绪，避免在这过程中出现负面情绪，从而增加冥想的时间和耐心。

2. 选择适合自己的方法

（1）音频冥想法。如果是第一次冥想，可以先跟着音频的步骤来练习。这类音频分为跟随呼吸而放松和跟随冥想画面而放松。可以选择坐着或者躺着，可以在家里做，也可以在工作的休息时间做。

（2）放空念头法。这种方法需要坐在椅子上，如果有需要可以靠在椅背上。首先，要保持背部直立，双手自然地搭在腿上。其次，深呼吸三次，随后想出一个当下最有感觉的词语，比如"阳光"等，确定好词语后，在这次的冥想中就不再更换词语。最后，放松地闭上眼睛，放松自己的大脑，放空自己。如果发现头脑中起了其他念头，不要批评自己，也不要跟着念头走，只需要轻柔地念出最开始确定好的类似"阳光"这样的词语，将注意力拉回来就行。这样做的原理就是，人们无法控制自己念头的产生，但是可以训练自己不被念头拉着跑。

（3）观呼吸法。使用这种方法时，尽量盘腿进行，双盘、单盘、散盘都行，并且保持背部直立，双手自然地放在腿上，然后闭上眼睛放空自己，并把注意力集中在人中的位置，观察一呼一吸间气流经过这一位置时的感觉。察觉到自己起了念头时，不与之纠缠，再次将注意力拉回呼吸之间。这样坚持下去就会发现，那些繁杂的念头都是虚无的，它们会来也会走。

3.学会坚持

刚开始练习的时候可能会发现自己无时无刻不在起念头，或者产生烦躁、愤怒等负面情绪，然后就对自己或冥想产生怀疑，想要放弃。这时候需要多给自己一些耐心和鼓励，告诉自己，能坚持多久是多久，能放空多久是多久。因为量变会引起质变，只要坚持下来，就一定能体会到无法言说的放松。

冥想大师斯瓦米·拉玛在《冥想》一书中写道，"冥想需要的是这样一种注意力：它平静、专注，但同时又是非常放松的。要形成这种内在的专注力并不困难，事实上你会发现冥想本身就是一个有利于大脑休息的过程"。

由此可见，冥想不仅能让人得到充分的放松和休息，还能让人快速地变得平静和专注。如果人们掌握了冥想这种让自己放空的技能，就能更好地使用头脑这个工具，达到想休息就休息、想专注思考就专注思考的目的。

> [小贴士]
>
> 　　研究表明，冥想是一种简单且有效的心理调节方法。它不仅能抑制焦虑、抑郁等负面情绪，还能提升我们的内心力量，让我们在面对困难和挑战时更加从容和坚定。

坚持锻炼，为身心补充活力

你有没有过这样的经历：上班时决定下班后就去菜市场买菜，但是下班后却只想赶紧回家，即使路过菜市场也不想进去，最后只能在网上下单买菜。工作日规划好周末去哪里玩，到了周末又因为太累，没有足够的精力而放弃。跟朋友约好的一起去玩也是今天拖到明天，这周拖到下周。平时能坐着就不站着，能躺着就不坐着，不管何时何地都感觉很累。

之所以出现这种情况，是因为身心失去了活力。改变这种状态的理想方法，就是锻炼身体，为自己的身心补充活力。

但很多人对锻炼存在一定的误区，认为自己已经很疲惫、没活力了，哪里还有力气去锻炼？其实恰恰相反，越是没有活力的时候越需要运动起来。

研究表明，运动不仅能让人身体健康，提高免疫力，还可以增加多巴胺、肾上腺素的分泌，让思维和情感都活跃起来，产生开心、放松、舒畅等积极情绪。

在心理学中，有一个理论叫作"具身认知"，指的是人的身体体验与思想、情绪等心理状态间存在密切关联。也就是说，心理状态可以影响身体体验，反之亦然。因此，当人们难以调节自己的情绪的时候，不妨试着调节一下身体，当身体精力充沛了，心理会被带动起来，变得充满活力。

为了培养快速、便捷、持续的锻炼习惯，保持身心的健康和活力，以下几种方法供大家参考，希望大家能够照做并坚持下去。

（1）锻炼身体可以从简单的运动开始，先培养运动的习惯。当人的身心没有活力，且又没有将锻炼当作一种生活习惯时，就会将锻炼当成很困难的任务，找各种理由逃避。如果从简单的运动开始，就会降低心理压力，减少行动的阻力。例如，外出散步、在家原地踏步跑或者跟着锻炼的视频一起运动等。

（2）注意锻炼的时间不宜过长，强度不宜过大，要量力而行。刚开始锻炼的时间不要太久，也许很多人运动起来后会觉得运动如此简单，因而增加了运动时间和运动强度，希望趁着自己"勤奋"的时候多锻炼一会儿，但是这样做坚持不了多久自己就会觉得累，从而产生逃避或放弃锻炼的想法。

因此，在锻炼时应该根据身体的情况，采用细水长流式的运动方式。这样不仅不会感到疲惫，还能体会到锻炼的快乐和舒适，从而期待第二天继续运动。

（3）找到激励的目标，持之以恒。克服开始的难关后，还需要找到能够让自己坚持下去的方法：一是互相监督法。如果一个人很难坚持，可以找志同道合的朋友一起锻炼，互相鼓励和监督。二是目标激励法。可以在锻炼前设定好锻炼目标，比如要达到健身美体的效果，然后时刻激励自己朝这个目标迈进。三是打卡激励法。人们之所以难以坚持锻炼，很多时候是因为没有及时得到正向的反馈。因此可以在每次完成锻炼的目标后打卡记录一下，适度地对自己进行夸奖和赞美。不要认为运动是小事，须知培养一个良好的习惯，并且持之以恒，本身就是一件很了不起的事情。

人们如果认识到锻炼的重要性，掌握合适的方法，就能轻松开启运动之旅。虽然自律听起来很难，但是一旦真正开始行动，就会发现自己可以轻松搞定。在体验到锻炼过后的舒适，整个人看起来越来越有气色后，就会越喜欢锻炼，并能够坚持下去。

[小贴士]

有研究表明，减少运动会使人体内的一种重要的蛋白质失去活性，从而导致身体的进一步不活跃状态，并使运动变得困难。这也进一步表明，缺乏锻炼会导致身心失去活力，让开始运动变得困难。因此，不如从现在开始，一点点地坚持锻炼，持续为自己的身心补充活力。

和心灵对话，找回真正的自己

在快节奏的现代社会，人们很难停下来倾听一下自己内心的声音。不妨试着与自己的心灵进行对话，了解一下自己真实的需求，呵护一下疲惫不堪的自己。

生而为人，本来就会遇到许多烦恼。如今孩子面临沉重的学习压力，青年人面临着升学、择业、结婚、买房等难题，中年人大多背负着房贷、车贷等压力。在这无尽的烦恼中，好多人好像失去了自我，每天忙着往外求，求不到就怨天尤人，时间久了把自己弄得身心俱疲，深陷负面情绪的包围之中，尽管自己奋力挣扎，却苦于找不到上岸的方式。

其实，这个时候，我们应该停下忙乱疲惫的脚步，倾听一下自己内心的声音，懂得和自己的心灵进行对话，找回真正的自己，这才是我们摆脱糟糕现状的最好方式。

与自己的心灵对话，听起来简单，但若是不能保持觉知，那么就会习惯性地陷入头脑层面的沟通，难以入心。这时候就需要掌握以下几种方法，和自己的内心来一场真正的沟通，找回真正的自己。

（1）慢下来，并保持觉知。与高速运转的头脑对话不同，和心灵对话时需要慢下来。在此刻，一点点地放下担忧、焦虑的情绪，让自己的内心回归平静。如果你觉得自己的内心无法彻底平静，仍有很多负面情绪，那么就可以做几次深呼吸，让自己的身心彻底放松下来，并保持觉知，不让身心又惯性地跟随念头跑远。

（2）不带任何评判地询问。和心灵沟通时一定不能带有任何批评和苛责，要将它放在平等的地位上小心翼翼地呵护。

如果是为事件烦扰，可以问自己："针对这件事情，我在担忧什么？我在烦恼什么？我该如何解决？这件事的最好结果和最坏结果分别是什么？我都可以承受吗？"

针对莫名其妙的情绪，可以将近期发生的事情梳理一遍，然后一件一件地跟自己确认，看看哪些是压力源事件，然后再针对此事件继续询问。

随着问题被一个个剖析出来，我们的内心就会逐渐安静下来，我们也会对未来的发展方向看得越来越清楚。

（3）将与心灵对话当成习惯。人们习惯用头脑来思考和生活，却忘了对快乐和自由的追求，从而舍弃了自己的内心，与它越来越远，导致我们常常被坏情绪包围。所以从现在开始，我们要培养与心灵对话的习惯，时刻关注内心的感受。

其实我们比自己想象中更聪明、更有智慧，只是后来被世俗观念给限制了,每日不停地计较一些鸡毛蒜皮的事。与心灵对话,倾听内心最深处的声音,能帮助人们摆脱大脑慢性的控制,找回真正的自我。

[小贴士]

　　心理学家荣格曾说过:"内在小孩是一切光之上的光,是疗愈的引领者。"而内在小孩正是人的内心,与心灵对话其实就是在和自己的内在小孩对话。掌握了与心灵对话的方法,就是内在疗愈的开始。

有效沟通，向外界寻求帮助

你是否问过自己这样一个问题：反逃避要求我们无所不能吗？它允许我们做不到吗？

反逃避不是一种强制机制，更不要求我们无所不能，它融入了爱的温度，增加了接纳的力量。它允许我们犯错，允许我们停止，允许我们能力不足，也允许我们暂时逃避。其实人最好的状态是接纳自己的全部，不论好与坏、优势与不足，统统接纳。接纳的力量是很伟大的，可以让我们能量满满。要知道，人无完人，我们不能依靠自己的力量对抗一切事，人生总有我们独自一人走不了的路。

这个时候，合作就变得难能可贵。依靠他人的力量，向外界寻求帮助，能给自己的心灵减轻负担。独自期待问题消失，只会导致问题越来越严重，最终只能放弃或者逃避。

如果能够掌握有效的沟通方法，就能更大程度地得到他人的帮助。那么，我们到底该如何正确地寻求帮助呢？

（1）首先需要修正观念，认识到求助并不丢人，也不是脆弱的表现。如果是关于事件的求助，不仅可以寻求到解决方法，丰富自己做事的经验和提升自己的能力，还可以拉近与他人之间的关系。其实多数人都有一颗乐于助人的心，如果被求助者正好能帮求助者解决一个力所能及的问题，那么当求助者的问题解决好了时，被求助者也会因为自己帮助到他人而感到开心和有成就感的。

如果是遇到心理困扰，那么求助者就更需要积极地寻求外界的帮助，借助他人的智慧和爱来疗愈自己的心灵，让自己恢复生活的热情和勇气。

（2）尽量去找看起来可靠、让人信得过以及有能力解决问题的人。很多时候，人们不愿意请人帮忙，就是因为心中有太多顾虑，只有找的人看起来有能力又值得信任，才能让我们放下戒心。

（3）尽量在别人状态好又有空时找他帮忙，这样就能避免对方因为疲惫或忙碌而拒绝提供帮助。这样也能让求助者降低挫败感，提高自己遇到困难时向他人求助的积极性。

（4）真诚沟通，尽量清晰明了地说清楚问题，让对方知道自己遇到了什么难题，内心有什么困惑，并且需要对方提供什么样的帮助。如果沟通不够真诚，可能会引起别人的警惕心；如果问题和需求不够明确，会让对方觉得迷茫，甚至觉得问题超过他的能力范围，并因此而拒绝。

（5）在力所能及的范围内给别人提供帮助，广结善缘。如果一个人从来都不愿意帮助他人，那么很大可能当他遇上困难时也不会得到别人的帮助。"爱出者爱返，福往者福来"，平时，如果我们能够给别人提供一些举手之劳的便利，那么当我们自己遇到困难时，也更容易获得来自他人的帮助。

有的人会认为向别人寻求帮助是一件痛苦的事情，每次遇到需要找人帮忙的时候，总是感到难以开口。其实这也算是一种心理障碍，跟过往不被允许求助或者求助后被拒的创伤经历有关。但人不应该总是活在过去的记忆中，而是要回归当下，纠正自己的认知。勇敢迈出第一步，寻找合适的求助对象，积极且真诚地沟通，给自己一个新的开始，也会给别人一次助人为乐的机会。

[小贴士]

研究表明，助人确实能让人体验到快乐，也能增加自己的幸福感。因为人是群居动物，需要适当地与人进行交流，消除孤独感，让自己感觉到被需要、有价值。当帮助了别人之后，看见别人发自内心的笑容，自己也会跟着开心起来。

心理学课堂——呵护自己的心灵

研究表明，存在抑郁风险的青少年约有14.8%，而抑郁障碍终生患病的成人则高达6.8%，但得到充分治疗的人数却不足1%。这也说明，随着学业、工作、生活等压力的与日俱增，人们的心理健康问题越来越令人担忧。

不过，令人欣慰的是，现在已有越来越多的人明白了心理健康的重要性，开始重视自己的心理健康问题，懂得了呵护心灵的重要性，开始有意识地关注自己的心灵，尝试与它进行沟通。

呵护好自己的心灵，对当下的我们来说，意义重大，好处多多。

1. 获得真正的幸福

我们知道，真正的幸福是内心的安宁、平静和喜悦，物质的富足虽然可以让我们的身体被最大限度地善待，但它却治愈不了存在于我们身上的心理问题。俗话说："心病还须心药医。"因此有些心理问题和创伤的解决与治愈还需要从好好呵护自己的心灵入手。只有我们的心灵真正被安全、富足和喜悦感所包围，我们整个人才能做到由内而外地真正快乐和幸福。

2. 让心灵更坚韧

当人们守护好自己的心灵，不让它受到外界的过度干扰和消耗时，那么人们的抗压、抗挫折能力也会随之提升，可以坚强地面对生活中的一切，不再逃避。

3. 做事更容易成功

心理学家肖恩·埃科尔曾对快乐和成功之间的关系做过研究，他得出的结论是："先有快乐，然后才有成功，快乐是最强的生产力与竞争力。"如果人整天闷闷不乐，对什么都提不起兴趣，做事自然没有动力，在面对困难或挫折时，也就没有坚持下来的勇气，会轻易就选择逃避或放弃。而善于呵护自己的心灵，让自己的内心充满积极、快乐的情绪，就会让自己的内心迸发无穷的力量，从而有精力追逐自己想要的事物，做事也更容易成功。

呵护好自己的心灵，才能换来心理的健康；心理健康了，我们就不会"内耗"，从而保证了我们的身心无论在何时何地都能充满能量。如此，我们不但做事更容易获得成功，精神也能保持最佳状态。

第九章

逃避有时也是一种应对策略

累到极致时，不妨逃避一下

或许有人会提出这样的想法：建立反逃避机制需要持之以恒的毅力和韧劲儿，但这并不是说建立反逃避机制后我们就不能有一点儿偷懒或逃避的心理和行为。

心理学术语虽然晦涩难懂，不容易被理解透彻，但它却带有其固有的温度，反逃避机制亦是如此。我们在理解和建立反逃避机制时也要试着感受它的温度。

首先，反逃避机制不是形而上的，它是因人而异、因事制宜的。比起世俗定义的成功、必须完成的任务、内心想要达到的目标，自己的身心健康才是"1"，其他的努力和追求只是"1"后面的"0"。

我们建立反逃避机制的目的是摆脱鸵鸟心态，提升做事效率，获得积极面对问题的能力，但也不能让反逃避机制成为我们的枷锁，将我们从一个局限转移到另一个局限中。

其次，反逃避不意味着紧绷，而是一种更轻松的心态，它的最终目的是打造更有韧性的心理境界。

如果真的累到极点，不必强迫自己面对或者前进，可以试着给自己快节奏的生活按下暂停键，放慢节奏去面对；或者干脆"无为而治"，放空自己的身心，找一处安全、舒适之地逃避一会儿，休憩一下，当一切归于平和，自己的心力和活力恢复后，再精力充沛地迎接挑战和生活。

最后，反逃避机制允许我们偷懒或犯错，它具有包容性。不必忧虑自己太慢，除了安顿好自己的身心之外，人生没有那么多急迫和必须做的事情。不要盯着别人做到了什么事情，达到了什么成就，每个人的经历、精力、目标不同，和别人对比是没有意义的。遇到坚持不下去的时候，试着回归自己的舒适区，以自己最喜欢的状态、节奏来生活和学习。

反逃避机制是有温度的，它允许我们短暂地逃避，在我们偶尔情绪失控、状态萎靡时帮我们调整心态。这让我们的内心重新充满能量，重新获得生活的勇气。

人并不是永动机，不能永不停歇地工作。身体累了需要休息、补充精力，心灵累了也需要通过放松自己来补充能量。因此，累到极致时，我们可以暂时逃避一下。

不仅如此，我们还需要学会适时地放下一些东西，反思一下，现在如此之累，是否因为自己想要抓住的太多，或者对自己的要求太过苛刻，过于追求完美呢？这时候就需要我们减少欲望，学会"断舍离"，放下无意义的人和事，我们才能做到轻装上阵，更好地出发。

同时还要知道，很多时候，我们非常重要，需要保护好自己的身心；很多时候，我们又没那么重要，可以适当地放下，适当地承认自己没办法面面俱到，没办法做得完美。培养自己接纳的能力，不将自己当作无所不能的超人，而是要做一个既能创造生活又能享受生活的人。我们奋斗是为了提高生活质量，让自己活得更有意义，如果将自己搞得精疲力竭，没有任何幸福感可言，其实是偏离了轨道。

因此，短暂地逃避并不可耻，这不代表着放弃，而是给自己的身心放个假，等到恢复精神和能量后，再以最好的状态面对生活。

情绪是心灵的信使：逃避想告诉我们什么

人们不会无缘无故地逃避，逃避的出现说明我们的心理出现了问题。

情绪是心灵的信使，而逃避这种行为的出现，可以看作心灵"感冒"的前兆，这需要引起我们的注意，因为关注情绪对心灵的影响是我们建立反逃避机制的必修课。

那么，逃避会对心灵产生什么影响？想要逃避时我们应该怎样做呢？

（1）需要关注心灵，缓和情绪。当人们明明喜欢或者必须做某些事情，但却出现逃避行为时，说明心灵蒙上了灰尘，没办法用热情、积极的心态去对待这些事情，这时就需要暂时停下来，做些缓和情绪的事情，调整自己的身心状态，然后继续前行。

例如，刚做了妈妈的女性，因为身体激素改变或太过劳累，比较容易出现产后抑郁，这时候就需要重视自己的情绪，关注自己的心灵，多给自己营造一些私人空间，多外出走动，或者必要时去做做心理咨询，以安抚心灵、缓解情绪，让自己恢复到最好的状态。

（2）能力和行动力需要提升。如果我们很擅长做某事，并且很有成就感，那么行动力就会大大提升。如果能力不足，行动力也欠缺的话，就会想要逃避或者放弃。例如，努力学习却成绩一般的孩子会对自己产生怀疑，变得逃避学习。又如，在职场上，明显感觉到无法胜任工作，又不想面对内心的挫败感，就会下意识地用逃避来拖延时间。这时，如果我们察觉到逃避其实是意味着我们的心灵"感冒"了，我们需要通过建立反逃避机制来修复我们的心灵，从而提升能力和行动力，以顺利完成目标。

（3）承认自己的不足与缺点。人们在面对自己的不足和缺点时，往往不敢承认，产生逃避的心理。

这时我们不要去责怪自己的逃避行为，而应该重视逃避行为背后的原因。逃避意味着我们的内心出现了问题，而内心出现的问题又是由于我们对自己的缺点的纵容或不理解，即由缺点所引发的行为会对我们的心灵造成伤害。因此，当我们有可能再次因为这些缺点所引发的不当行为而让心灵受伤时，我们的心灵就会促使我们本能地逃避。我们应该勇于面对并承认自己的缺点，充分认识到它们给心灵带来的伤害，下决心改掉这些缺点。例如，通过心理咨询、自我探索成长等方式来改掉缺点，遇事不再逃避，用积极的态度去呵护自己的心灵。

（4）一时的逃避不是失败或放弃，而是更大能量的积蓄。有时我们的工作会遇到瓶颈，让我们感觉心累，想要放弃。此时我们就应该给自己安排一个假期，放松自己的身心，待恢复了往日的活力和激情后再重返工作岗位，这样工作效率更高，也能让我们更快地达到目标。

（5）改掉爱逃避的习惯，未来的路就会更顺遂。我们总是告诉自己：遇事不要习惯性逃避，要勇敢面对。但当真正面对难以解决的事情时，或许我们又会逃避。这时我们就要保持觉知，充分认识到如果不改变，逃避就会对我们的心灵造成伤害。鼓励自己勇敢迈出第一步，同时告诉自己，哪怕失败了也没关系，关键是迈出第一步。而在真正去面对和解决问题后，我们很可能会发现，事情远没有我们想象中那么可怕，事情出乎意料地顺利解决了，我们的内心也因此而生出自信。当这种成功克服困难和解决问题的经验越多，我们就更有信心，离逃避也就越远，我们的心理就会变得更加健康，内心充满能量，做任何事更容易成功，未来的路也会走得更加顺遂。

[小贴士]

戴安娜·R.格哈特在《夫妻和家庭治疗中的正念与接纳》中写道："负面情绪就像是信使，带着令人生畏的清晰，明明白白地向我们指出我们卡在了哪里。"我们的每个情绪都有其内在的含义，它们就像我们心灵的信使，只要好好观察，就能发现它们所传达的心灵的需求，提醒我们时刻关注情绪，呵护好心灵。

后记
POSTSCRIPT

拥抱自己的未来

曾经,我以为自己只能带着固有的思维模式、行为方式去生活,无法让自己不消极,无法强迫自己在下意识逃避的时候去积极面对,因此错过了一些机遇,内心十分想做一些事情去弥补,但又感觉走不出固定模式的禁锢,只能被迫在原地不停地打转。

也因此生出过懊恼和自责等负面情绪,最后我只能得出这样的结论:这种禁锢,是过往经历所携带的缺陷和不足筑就的,我无法弥补它们,因此无论我怎样努力,寻求怎样的方法,都徒劳无功。

曾有一段时间,我被这样的悲观情绪所控制,我认命了,我逃避社交,逃避职场晋升,逃避生活中的很多很多,直到内心太过压抑,感觉再如此认命下去,我将要彻底失去自我,于是我下决心:无论多难都要改变自己。

机缘巧合下，我看到了一本足以令我醍醐灌顶的心理学图书，从此我便一发不可收，开始徜徉在心理学图书的海洋里。在阅读了诸多心理学图书后，我学会了对自己进行心理建设，于是我开始变得积极、自信起来，对工作和生活都充满了热情，整个人的状态从之前的怨天尤人变得客观独立、乐天知命，我不再觉得自己错过了什么，明白了每个人的经历不同，拿到的人生剧本不同，所以要走的路自然也不同。

对自己进行心理建设，主要是通过构建和运用反逃避机制，我不再拧巴，不再"内耗"，而是专注于提升自己的心理韧性、专业能力。这不仅让我的抗压和抗挫能力大大增强，还让我的工作能力获得了极大的提升。同时，在经历了挫折后，我的同理心增强了，对别人的痛苦也有了更深的理解。

反逃避不是一个"假大空"的机制，它里面包含了许多实用的方法和步骤，能够切实地帮助我们培养反逃避的习惯。

美国心理学家理查德·泰德斯奇和劳伦斯·卡尔霍恩曾提出"创伤后成长"的概念，是指人们在经历过创伤事件后，不仅能够恢复原样，还能从创伤中成长，让内心变得更强大。

反逃避也是如此，它强调的是我们不但能够直面之前所逃避的人和事，还能通过解决之前所逃避的事情，让我们实现能力的增强。反逃避机制强调，我们可以在解决问题的过程中总结经验，以便迎接和拥抱未知但充满各种可能性的未来。

最后，我还想告诉大家：建立反逃避机制不代表你未来都不能逃避，而是代表你不再只会逃避。